U0856282

东亚季风年鉴
EAST ASIAN MONSOON YEARBOOK

2016

国 家 气 候 中 心
（东亚季风活动中心） 编

内 容 简 介

东亚季风是盛行于东亚地区的冬、夏季风及其环流的统称。东亚季风区的范围覆盖了中国、日本、朝鲜半岛、蒙古、俄罗斯西伯利亚地区、中南半岛、琉球群岛、菲律宾群岛。

《东亚季风年鉴2016》是中国气象局国家气候中心的核心业务产品之一，全书分为3章。第1章描述了2015/2016年东亚冬季气候及冬季风环流系统的特点；第2章介绍了2016年东亚夏季气候和夏季风环流系统的特征；第3章主要介绍了2016年中国雨季进程的概况。年鉴中也回顾了2015/2016年冬季中日韩冬季风会商以及2016年夏季亚洲区域气候监测、预测和评估论坛气候预测的结果。

本年鉴可供从事气象、农业、水文和地质等多个行业的业务、科研和教学人员使用及参考。

图书在版编目(CIP)数据

东亚季风年鉴. 2016 / 国家气候中心编. — 北京：气象出版社，2018.3

ISBN 978-7-5029-6727-7

Ⅰ.①东… Ⅱ.①国… Ⅲ.①东亚季风-2016-年鉴 Ⅳ.①P425.4-54

中国版本图书馆CIP数据核字(2018)第015205号

Dongya Jifeng Nianjian

东亚季风年鉴 2016

出版发行：气象出版社
地　　址：北京市海淀区中关村南大街46号　　**邮政编码**：100081
电　　话：010-68407112(总编室)　010-68408042(发行部)
网　　址：http://www.qxcbs.com　　**E-mail**：qxcbs@cma.gov.cn
责任编辑：陈　红　　**终　　审**：吴晓鹏
责任校对：王丽梅　　**责任技编**：赵相宁
封面设计：博雅思企划
印　　刷：北京地大天成印务有限公司
开　　本：889 mm×1194 mm　1/16　　**印　　张**：8.25
字　　数：221千字
版　　次：2018年3月第1版　　**印　　次**：2018年3月第1次印刷
定　　价：65.00元

本书如存在文字不清、漏印以及缺页、倒页、脱页等，请与本社发行部联系调换

《东亚季风年鉴 2016》

主　　编：邵　勰

编写人员（以姓氏笔画为序）：

丁　婷　王东阡　王遵娅　支　蓉　石　柳
孙　冷　李　多　陈丽娟　邵　勰　柯宗建
柳艳菊　赵玉衡　赵俊虎　袁　媛　龚志强

指导专家（以姓氏笔画为序）：

丁一汇　刘海波　李维京　何金海　张庆云
张祖强　张　强　张培群　武炳义　顾建峰

前　言

东亚是全球典型的季风气候区之一，东亚各国的社会经济、生态环境、水资源和灾害性天气气候事件等均与季风系统的活动密切相关，东亚季风活动规律及其预测研究一直是气候业务和科学研究领域关注的焦点。在全球变暖背景下，东亚地区洪涝、干旱等灾害性气候事件频繁发生，对国家安全、社会经济、生态环境等带来了严重威胁。提高气象部门季风监测、预测的业务能力，是提高中国气候灾害防御能力，保障国家经济建设和社会和谐进步的重要支撑。

国家气候中心作为国家级气候业务中心，以及世界气象组织（WMO）下属的亚洲区域气候中心和东亚季风活动中心，需要面向亚洲地区提供有关季风活动的业务指导。因此，也希望通过组织编写《东亚季风年鉴》，及时揭示东亚季风系统活动的最新事实，为研究东亚季风系统的演变规律、时空分布特征和机理等提供宝贵的基础信息。同时，通过总结分析东亚季风系统活动对气候的影响，为有关部门加强防灾减灾工作提供一定的参考。

在国家气候中心各级领导和各位专家给予的悉心指导和大力支持下，编写组经过半年多的共同努力，完成了《东亚季风年鉴 2016》编写工作。各章编写人员如下：

第 1 章东亚冬季风由柳艳菊统稿并编写本章摘要，其中，1.1～1.2 节由孙冷编写，1.3 节由赵玉衡编写，1.4 节由王遵娅编写，1.5 节由龚志强、李多、邵勰和石柳编写，1.6 节由邵勰编写。

第 2 章东亚夏季风由袁媛统稿并编写本章摘要，其中，2.1～2.2 节由丁婷编写，2.3 节由王遵娅编写，2.4 节由赵俊虎、邵勰和王东阡编写，2.5 节由李多和邵勰编写，2.6 节由王东阡编写，2.7 节由邵勰编写。

第 3 章中国雨季由邵勰统稿并编写本章摘要，其中，3.1 节由王遵娅编写，3.2 节由王东阡编写，3.3 节由赵俊虎编写，3.4 节由邵勰编写，3.5 节由支蓉编写，3.6 节由邵勰编写。

2015/2016 年东亚冬季风季节预测联合会商回顾，2016 年亚洲区域气候监测、预测和评估论坛由柯宗建、陈丽娟和袁媛编写。

另外，本年鉴的编写得到国家气候中心业务维持费的资助。

编者

2017 年 5 月

概　述

2015/2016 年冬季，东亚冬季风偏强。冬季风系统成员中，西伯利亚高压强度偏强、东亚大槽偏深、东亚副热带西风急流较常年偏强、偏北、偏东；北极涛动以弱正位相为主。此外，正的平流层 NAM（北半球环状模）信号几乎持续整个冬季。MJO 在整个冬季强度总体偏强，同时伴随阶段性的减弱过程，传播特征十分明显。在此环流背景下，东亚大部地区降水偏多、气温正常，但季内气温波动起伏较大，表现出前冬暖、隆冬冷、后冬迅速回暖的特征。中国经历了 2 次寒潮、2 次强冷空气过程。冬季，东亚大部地区降水以偏多为主，季内降水分布不均，但总体呈递减趋势，前冬和隆冬降水偏多，后冬降水偏少。

2016 年，亚洲热带季风最早于 5 月 2 候在赤道印度洋建立，然后分别向西北及东北方向推进。南海夏季风于 5 月 5 候爆发，10 月 6 候结束。爆发时间与常年一致，结束时间为 1951 年以来最晚，强度较常年略偏弱。东亚副热带夏季风平均强度接近常年略偏强，但季节内变化显著。西太平洋副热带高压强度偏强、西伸脊点偏西、脊线位置略偏南，但季节内南北摆动很大。夏季风系统其他成员中，马斯克林高压偏强，澳大利亚高压偏弱，索马里越赤道气流强度略偏强，孟加拉湾越赤道气流偏强，南海越赤道气流偏弱，菲律宾越赤道气流偏弱。南亚高压强度偏强，中心位置偏北、偏东。东亚副热带西风急流强度异常偏弱，位置明显偏北。此外，夏季 30～60 天低层纬向风季节内振荡经向传播变化特征明显。

2016 年夏季，东亚地区大部降水以偏多为主，尤其是中国西北地区、华北至华南、蒙古国西部等地；东亚地区大部气温以偏高为主，尤其中国西部和蒙古国局部地区气温偏高显著。华南前汛期 3 月 21 日开始，6 月 19 日结束，均较常年偏早；前汛期总降水量较常年偏多 4.3％。西南雨季 5 月 21 日开始，10 月 10 日结束，均较常年偏早，雨季总降水量比常年偏少 1.8％。江南梅雨 5 月 25 日入梅，较常年偏早 14 天，7 月 19 日出梅，较常年偏晚 11 天，梅雨量较常年偏多 44.0％；长江中下游梅雨 6 月 19 日入梅，7 月 21 日出梅，分别较常年偏晚 5 天与 7 天，梅雨量较常年偏多 108.0％；江淮梅雨 6 月 20 日入梅，较常年偏早 1 天，7 月 16 日出梅，较常年偏晚 1 天，梅雨量较常年偏多 59.1％。华北雨季于 7 月 19 日开始，较常年偏晚 1 天，8 月 8 日结束，较常年偏早 10 天，雨季总降水量比常年偏多 16.7％。华西秋雨季 9 月 5 日开始，较常年偏晚 5 天，10 月 31 日结束，比常年偏早 1 天。秋雨量较常年偏少 23.1％。

目　录

第 1 章　东亚冬季风

2015/2016 年冬季，东亚冬季风较常年偏强。冬季风系统成员中，西伯利亚高压强度偏强、东亚大槽偏深、东亚副热带西风急流较常年偏强、偏北、偏东；北极涛动以弱正位相为主。此外，正的平流层 NAM 信号几乎持续整个冬季。MJO 在整个冬季强度总体偏强，同时伴随着阶段性的减弱过程，传播特征十分明显。

冬季，东亚大部地区降水偏多、气温正常，但季内气温波动起伏较大，表现出前冬暖、隆冬冷、后冬迅速回暖的特征。中国经历了 2 次寒潮、2 次强冷空气过程。冬季，东亚大部地区降水以偏多为主，季内降水分布不均，但总体呈递减趋势，前冬和隆冬降水偏多，后冬降水偏少。

1.1　冬季气温

1.1.1　东亚气温

2015/2016 年冬季，东亚地区气温总体接近常年同期。从空间分布来看，东西暖而中部冷。中国中东部大部、西藏大部、新疆北部和西部部分地区、东北中部和北部，日本南部部分地区等气温较常年同期偏高 0.5～2℃；蒙古国大部，中国内蒙古自治区大部、西北地区局部、华南中南部和西南东南部等地气温较常年同期偏低 0.5～2℃(图 1.1)。

季内，气温阶段性变化特征显著(图 1.2～图 1.4)。其中，前冬(2015 年 12 月)，东亚地区整体偏暖，北部更为明显；隆冬(2016 年 1 月)，东亚地区以偏冷为主，尤其以蒙古国大部，中国西北地区东部至东北大部、西藏东部至西南西部等地明显；后冬(2016 年 2 月)，东亚大部地区迅速回暖，气温总体接近常年同期。

1.1.2　中国气温

2015/2016 年冬季，全国平均气温为－3.1℃，较常年同期(－3.4℃)偏高 0.3℃(图 1.5)。从空间分布来看，全国大部地区气温接近常年同期或略偏高，其中我国中东部大部、东北中部和北部、新疆北部和西部部分地区、西藏大部等地气温较常年同期偏高 0.5～2℃，西藏西部和新疆北部局地偏高 2～4℃；内蒙古大部、甘肃西部局地、新疆中部局地、华南中南部和西南东南部等地气温较常年同期偏低 0.5～2℃(图 1.6)。

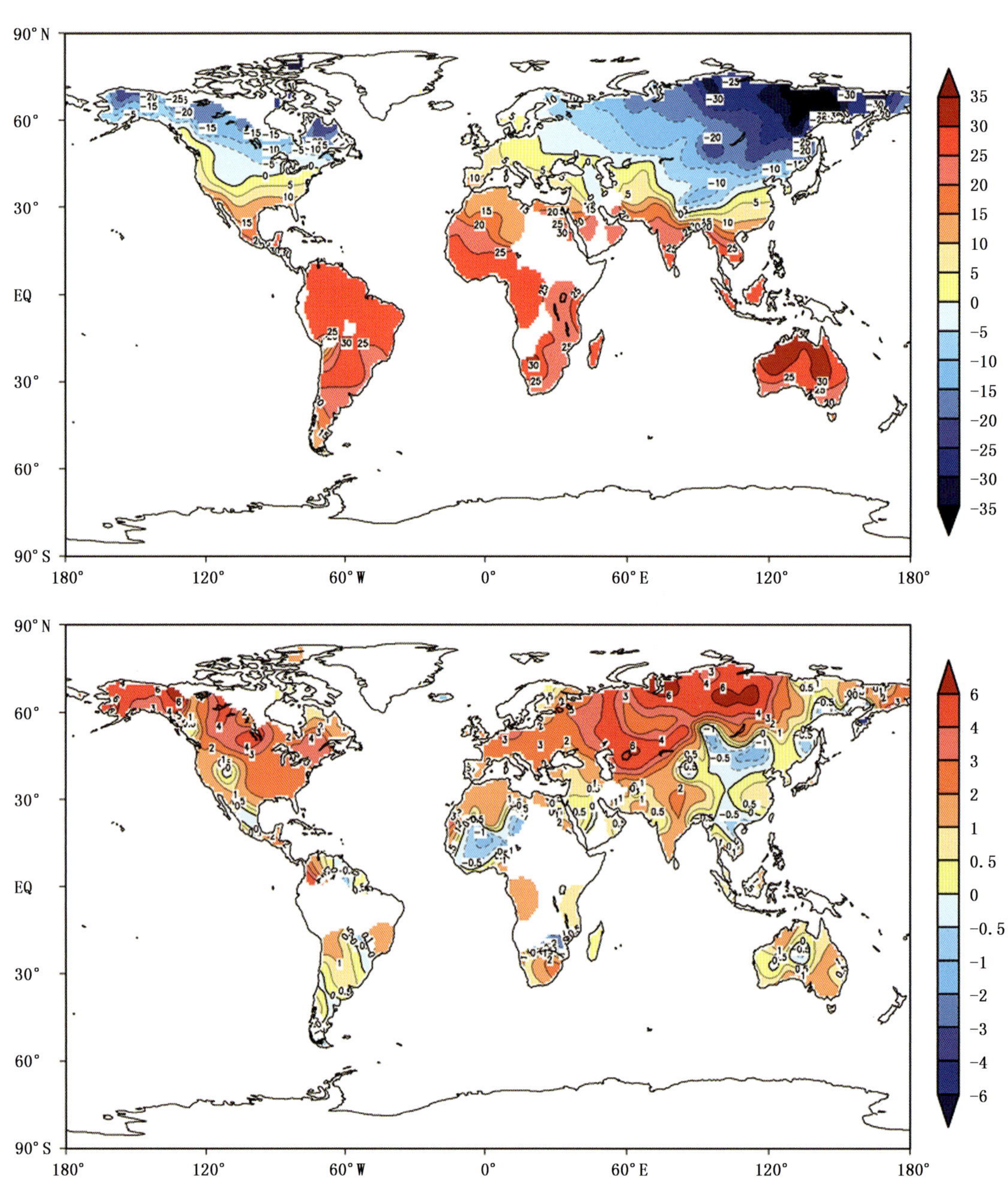

图 1.1　2015/2016 年冬季全球气温(上)及距平(下)分布图(单位:℃)

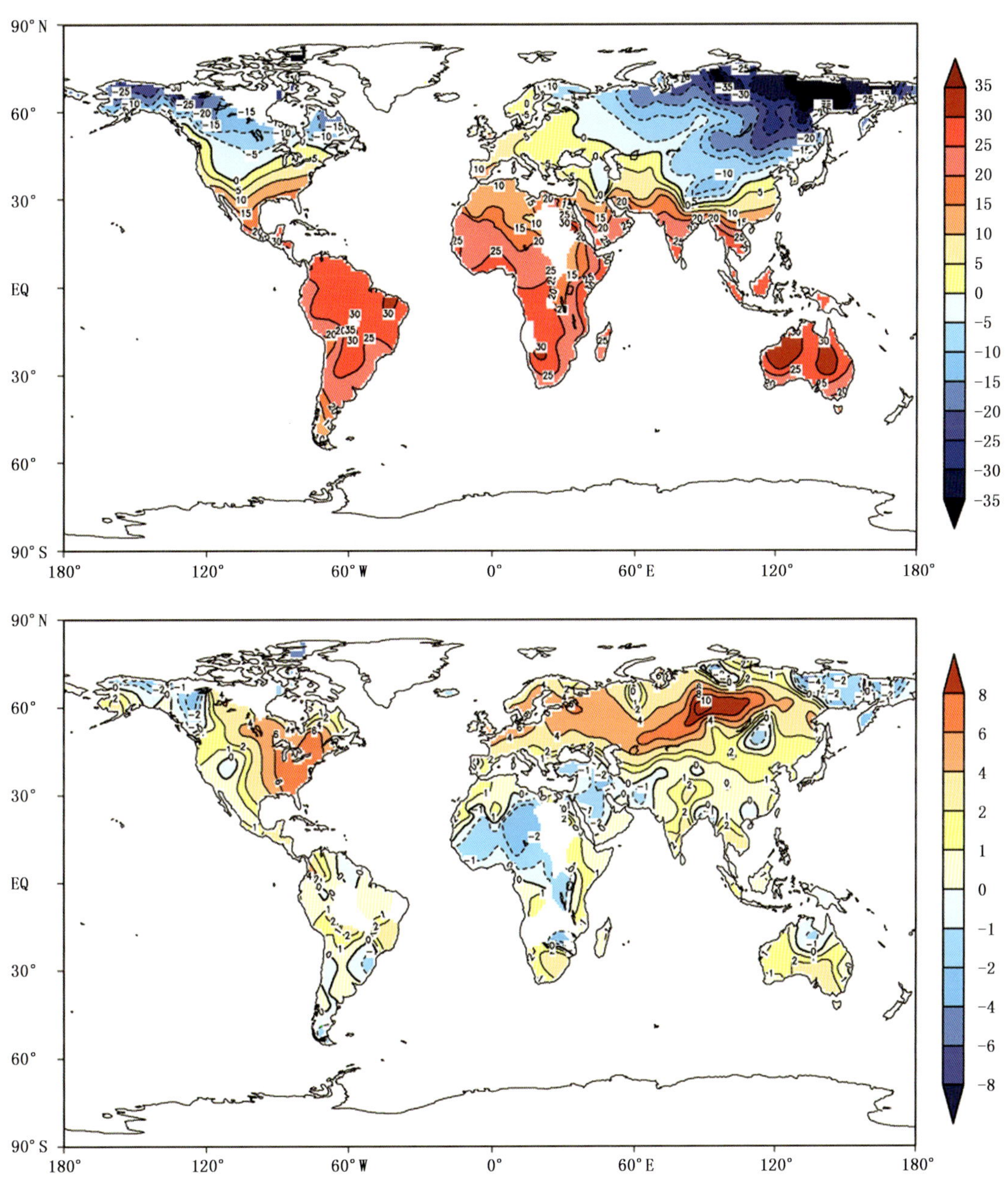

图 1.2　2015 年 12 月全球气温(上)及距平(下)分布图(单位:℃)

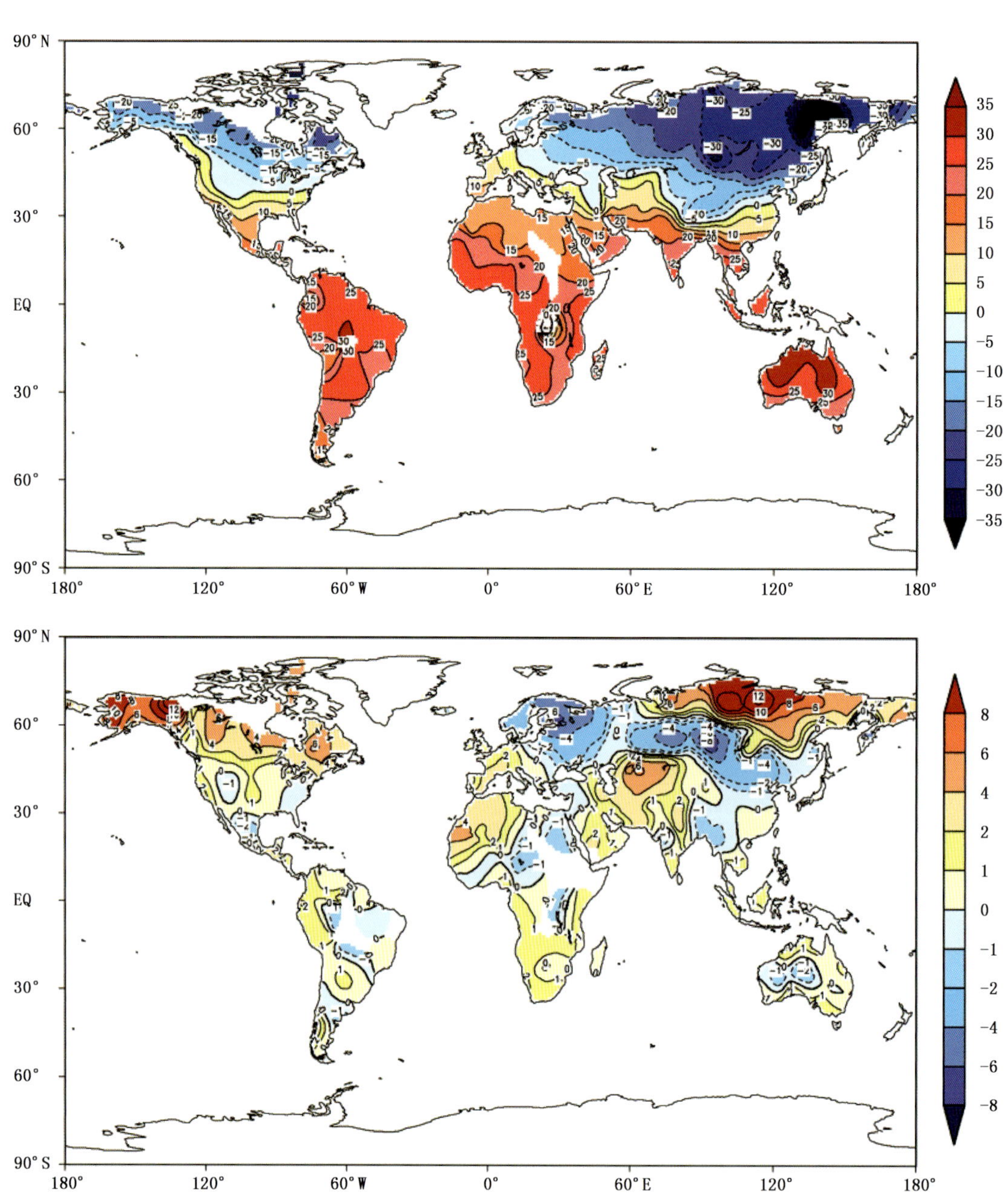

图 1.3　2016 年 1 月全球气温(上)及距平(下)分布图(单位:℃)

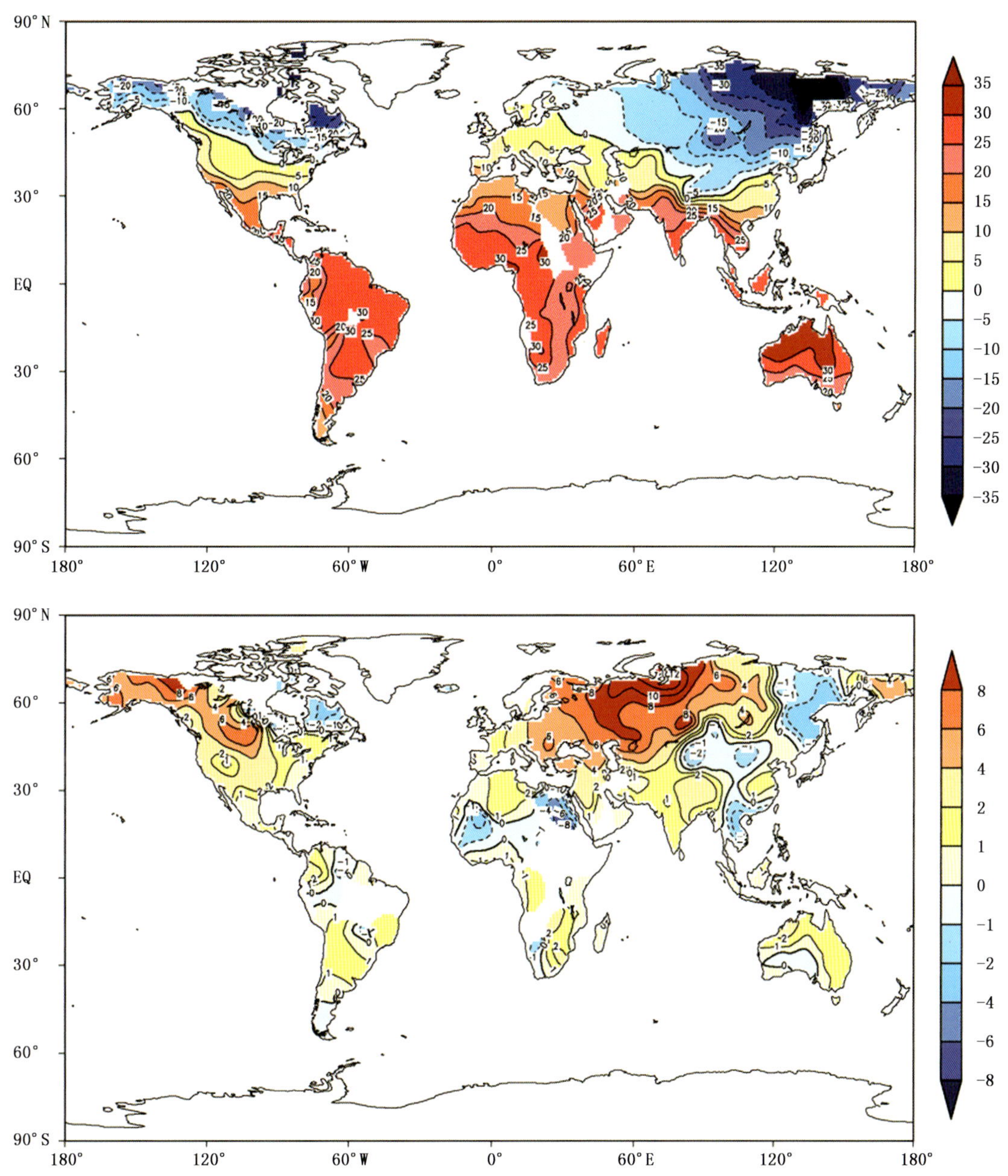

图 1.4　2016 年 2 月全球气温(上)及距平(下)分布图(单位:℃)

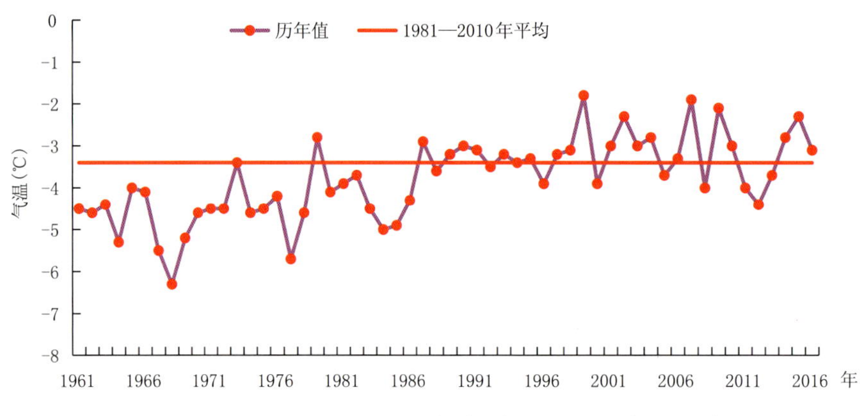

图 1.5　1960/1961—2015/2016 年冬季全国平均气温历年变化图

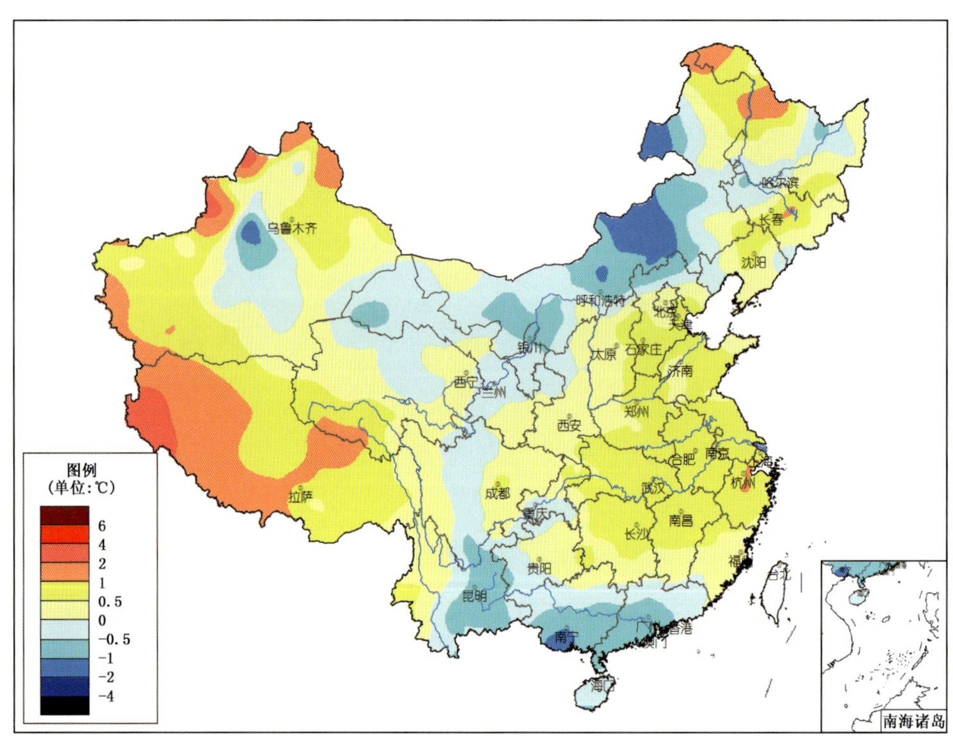

图 1.6　2015/2016 年冬季全国气温距平分布图

1.2 冬季降水

1.2.1 东亚降水

2015/2016 年冬季，东亚大部地区降水以偏多为主，中国总体偏多 5 成以上，朝鲜半岛偏多 3 成以上，蒙古国东多西少，日本接近常同期（图 1.7）。季内（图 1.8～图 1.10），降水分布不均，但总体呈递减趋势，前冬和隆冬降水偏多，后冬降水偏少。

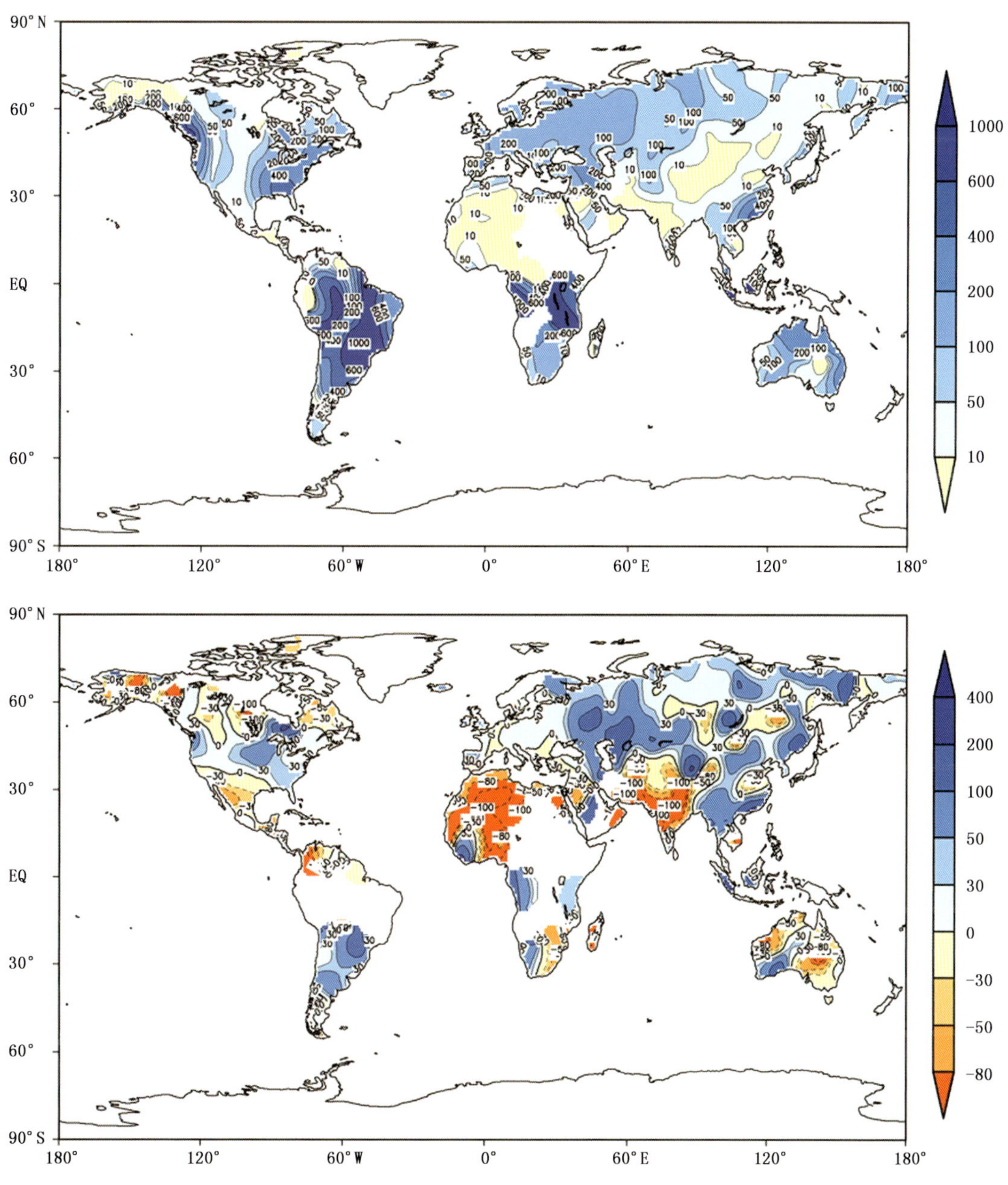

图 1.7 2015/2016 年冬季全球降水量（上，单位：mm）及距平百分率（下，单位：%）分布图

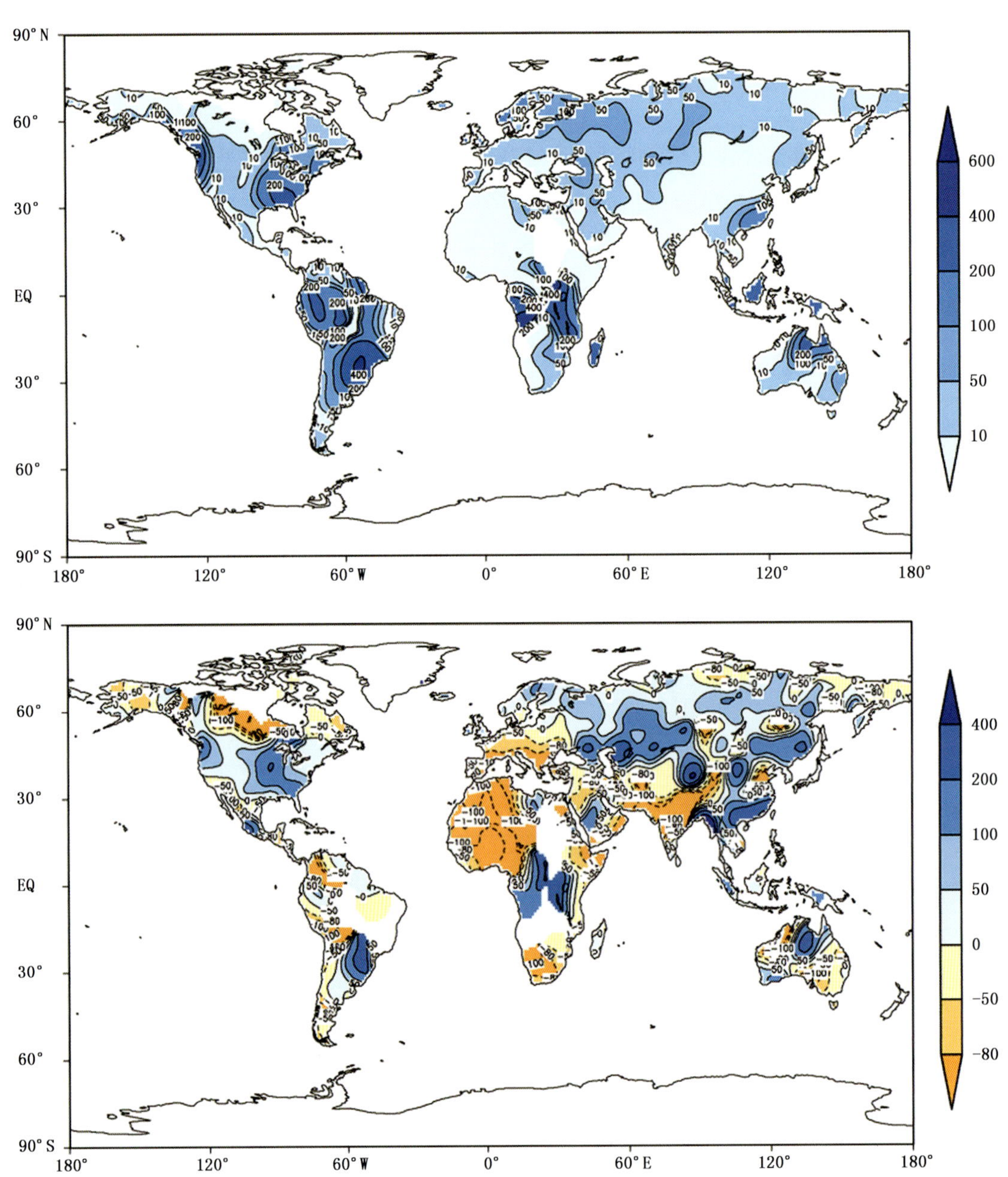

图 1.8　2015 年 12 月全球降水量(上,单位:mm)及距平百分率(下,单位:%)分布图

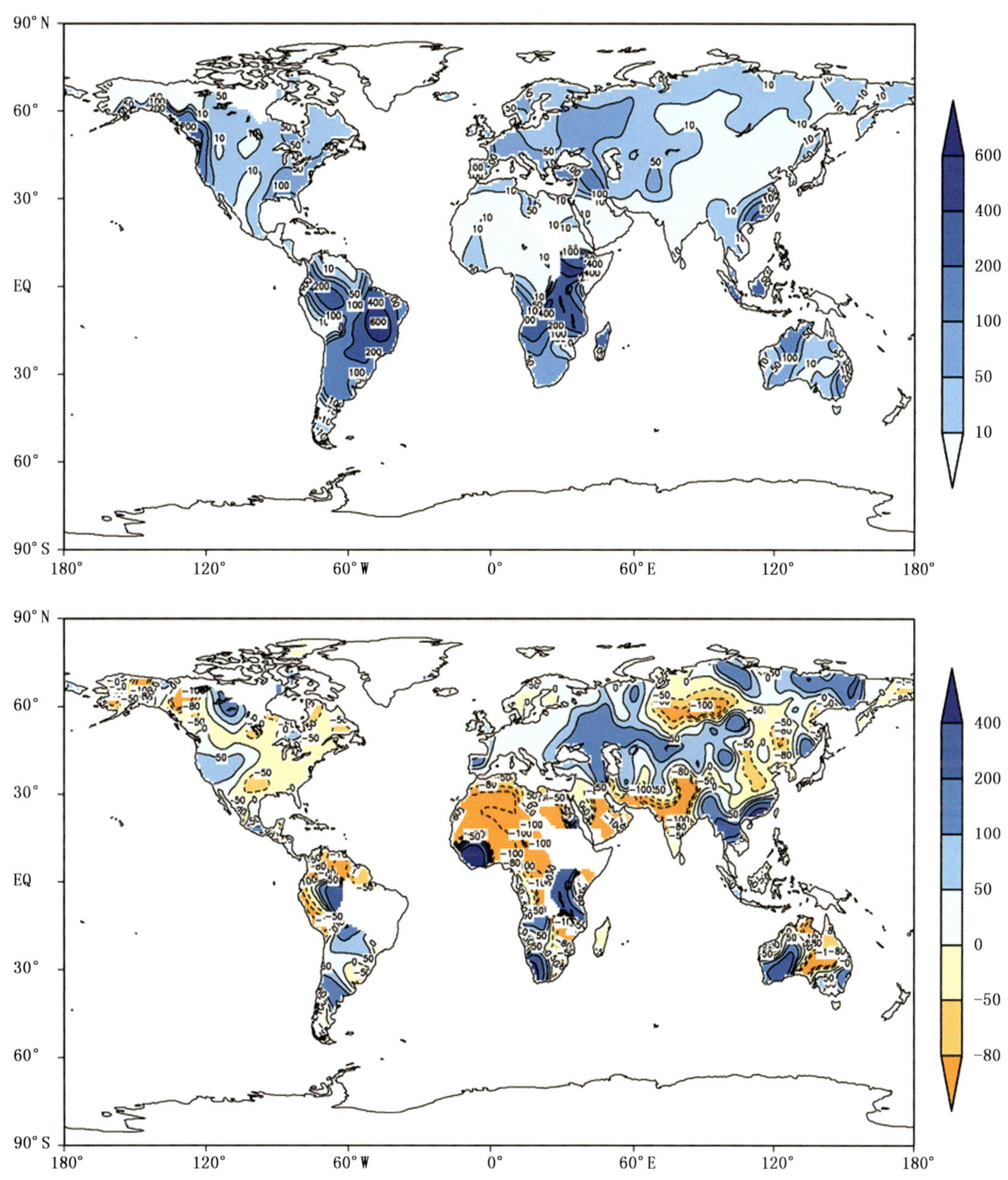

图 1.9 2016 年 1 月全球降水量(上,单位:mm)及距平百分率(下,单位:%)分布图

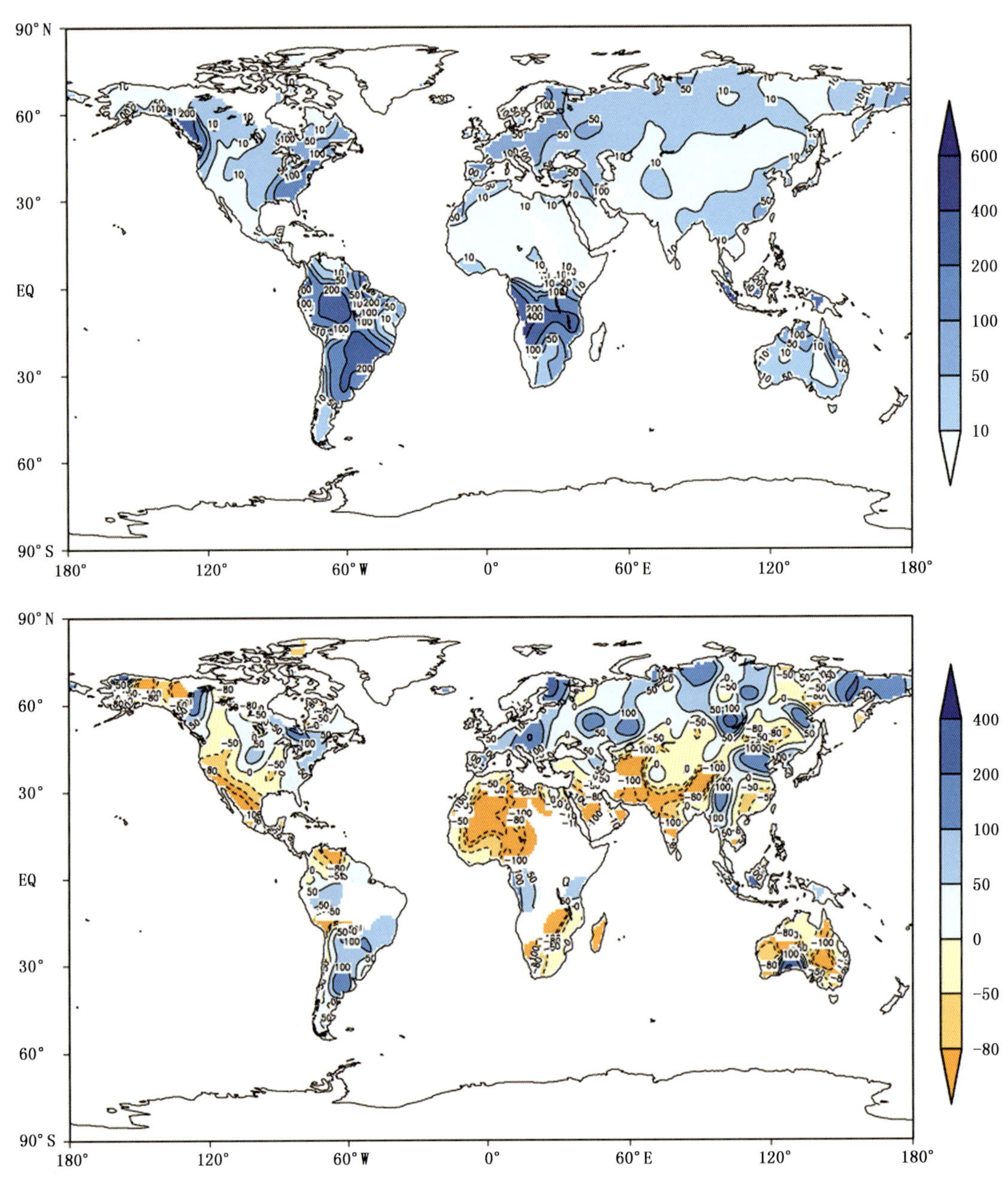

图 1.10　2016 年 2 月全球降水量(上，单位：mm)及距平百分率(下，单位：%)分布图

1.2.2　中国降水

2015/2016 年冬季，全国平均降水量为 62.3 mm，较常年同期(40.8 mm)偏多 52.7%，为 1951 年以来历史同期最多(图 1.11)。从空间分布来看，东北大部、华北大部、内蒙古大部、西北地区西部和东部大部、江南、华南、西南地区大部、西藏中部和南部等地降水偏多 5 成至 2 倍，部分地区偏多 2 倍以上；仅黄淮南部、江淮、青海大部、新疆西部及西藏西北部等地降水偏少 2～8 成(图 1.12)。华南地区平均季降水量为 363.2 mm，较常年同期(138.5 mm)偏多 162%，为 1951 年以来历史同期最多。

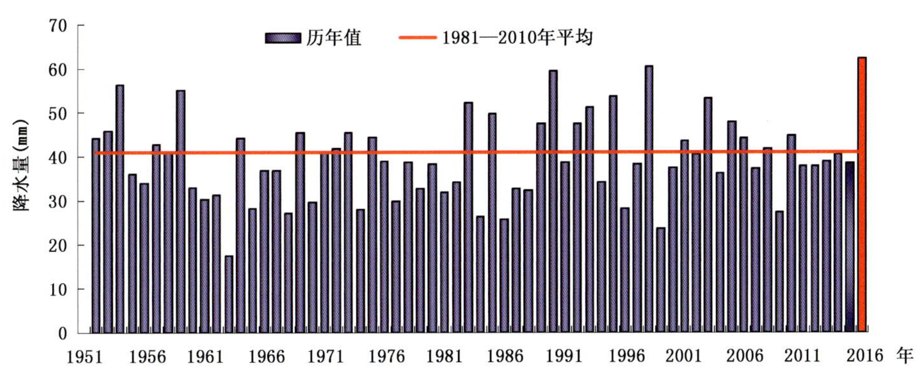

图 1.11 1950/1951—2015/2016 年冬季全国平均降水量历年变化图

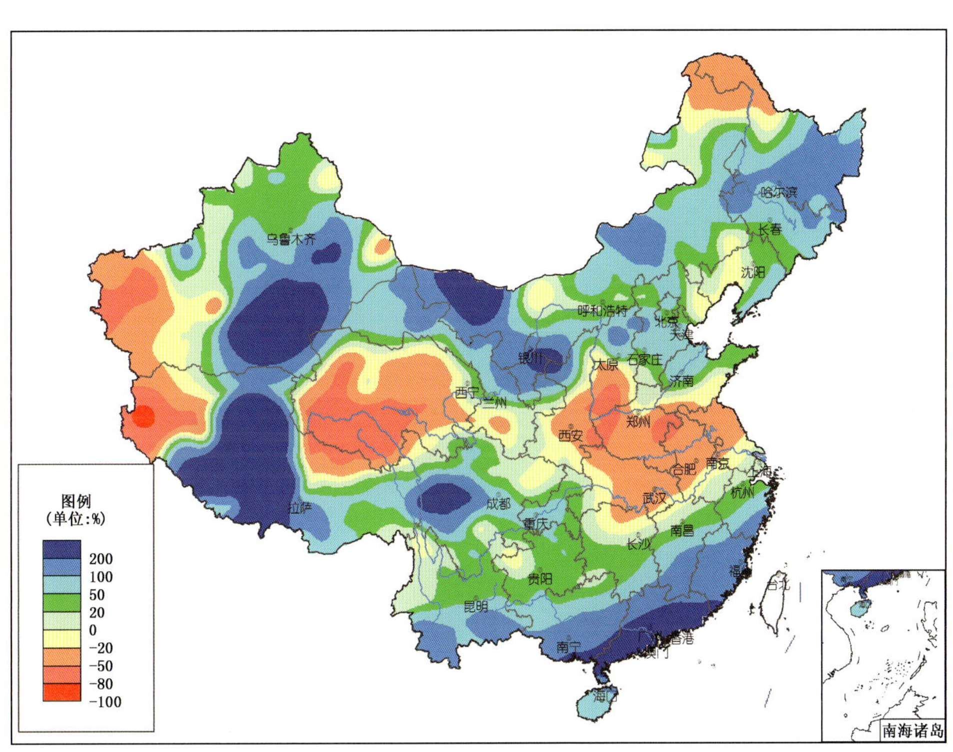

图 1.12 2015/2016 年冬季全国降水量距平百分率分布图

1.3 冷空气过程

2015/2016 年冬季,中国共经历 2 次强冷空气过程及 2 次寒潮过程(表 1.1)。

表 1.1　2015/2016 年中国强冷空气和寒潮过程列表

开始时间	结束时间	强度等级
2015 年 12 月 6 日	2015 年 12 月 7 日	强冷空气
2015 年 12 月 11 日	2015 年 12 月 12 日	寒潮
2016 年 1 月 22 日	2016 年 1 月 25 日	全国型强冷空气
2016 年 2 月 13 日	2016 年 2 月 15 日	全国型寒潮

从 2015/2016 年冬季主要寒潮过程和全国型强冷空气过程的降温幅度和路径来看：

(1)2015 年 12 月 6—7 日的强冷空气过程主要影响我国东北大部、华北北部和内蒙古中部地区，过程最大降温幅度普遍有 8～10℃，其中东北大部最大降温幅度达 10～12℃，部分地区在 12℃以上。此次冷空气过程以东部路径为主，降温最早出现在东北北部，然后向南推进(图 1.13)。

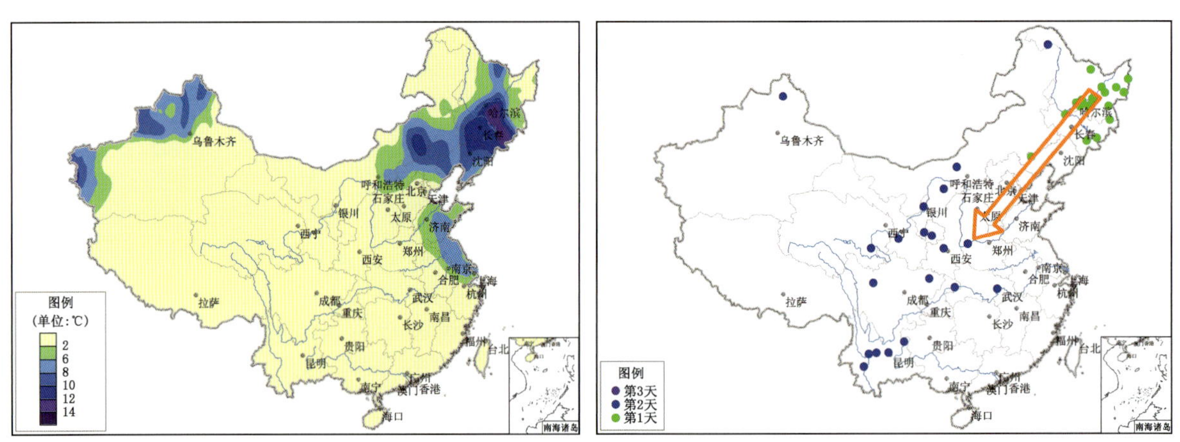

图 1.13　2015 年 12 月 6—7 日强冷空气过程最大降温幅度(左)及过程前 3 日显著降温台站(右，箭头表示冷空气南下路径)分布图

(2)2016 年 1 月 22—25 日的全国型强冷空气过程主要影响我国除东北中部和内蒙古东北部以外的大部地区，过程最大降温幅度普遍有 6～8℃，其中内蒙古中西部、河北南部、山东北部、山西、陕西、福建、海南、广西南部、青海南部、四川北部、西藏东部、甘肃西部、新疆北部等地达 10～12℃，部分地区在 12℃以上。此次冷空气过程为西偏中路径，自西北及内蒙古中部向东和向南推进(图 1.14)。

(3)2016 年 2 月 13—15 日的全国型寒潮过程影响我国北方和中东部的大部地区，过程最大降温幅度普遍在 8℃以上，其中东北、内蒙古大部、华北西部、西北地区东部、黄淮大部、江淮、江南大部等地最大降温幅度达 10℃以上，部分地区达 12～14℃。此次冷空气过程为东偏中路径，自东北北部和内蒙古东北部向南推进(图 1.15)。

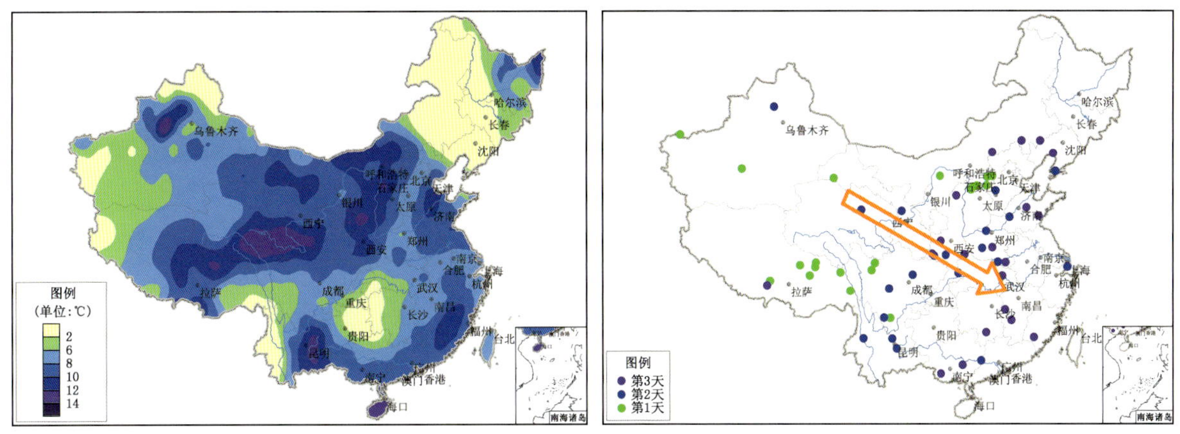

图 1.14　2016 年 1 月 22—25 日全国型强冷空气过程最大降温幅度(左)及过程前 3 日显著降温台站(右,箭头表示冷空气南下路径)分布图

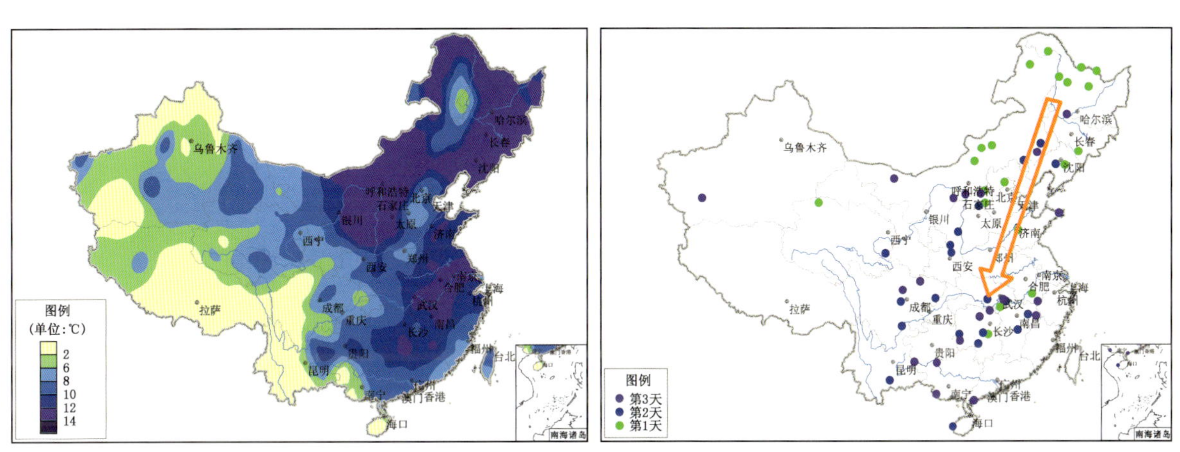

图 1.15　2016 年 2 月 13—15 日全国型寒潮过程最大降温幅度(左)及过程前 3 日显著降温台站(右,箭头表示冷空气南下路径)分布图

1.4　极端低温事件

2015/2016 年冬季,全国有 703 站发生极端低温事件(图 1.16),主要分布在西北东部、华北、黄淮北部、西南东部、江淮南部、江南、华南南部和内蒙古东南部等地,其中,内蒙古额尔古纳市(−46.8℃)、苏尼特左旗(−39.6℃)等 70 站的日最低气温达到或突破历史极小值,主要出现在 1 月下旬一次影响我国大部地区的全国性强冷空气过程中。从全国极端低温事件站次数历年变化来看,在 1977 年后全国极端低温事件站次数显著减少,但 2015/2016 年冬季明显偏多,全国共发生极端低温事件 918 站次,是常年值(262 站次)的 3.5 倍(图 1.17)。

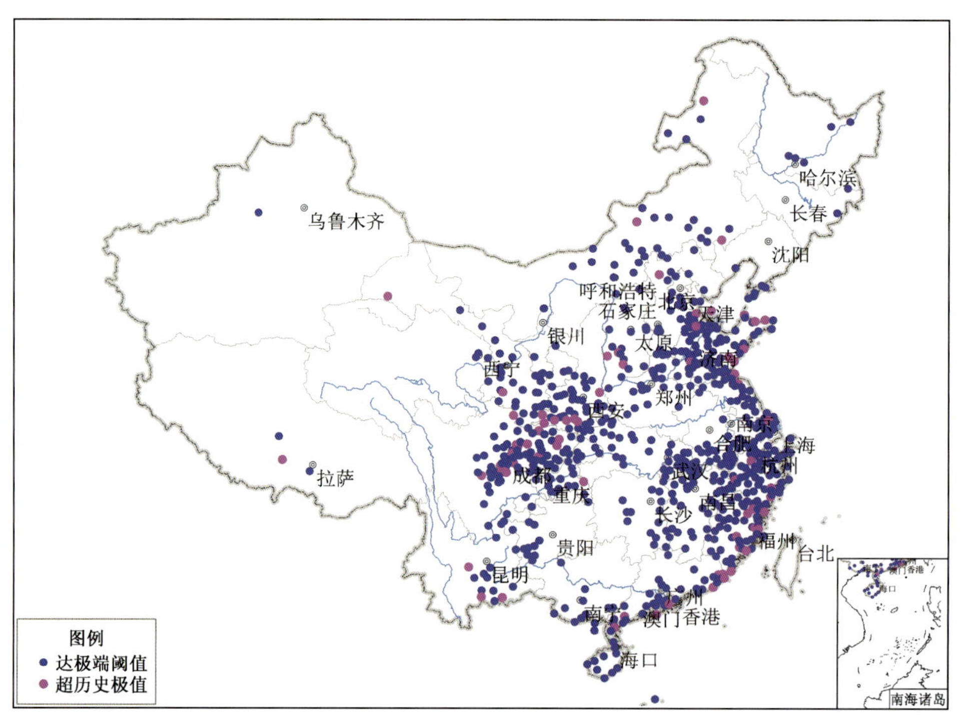

图 1.16　2015/2016 年冬季中国发生极端低温事件的站点分布图

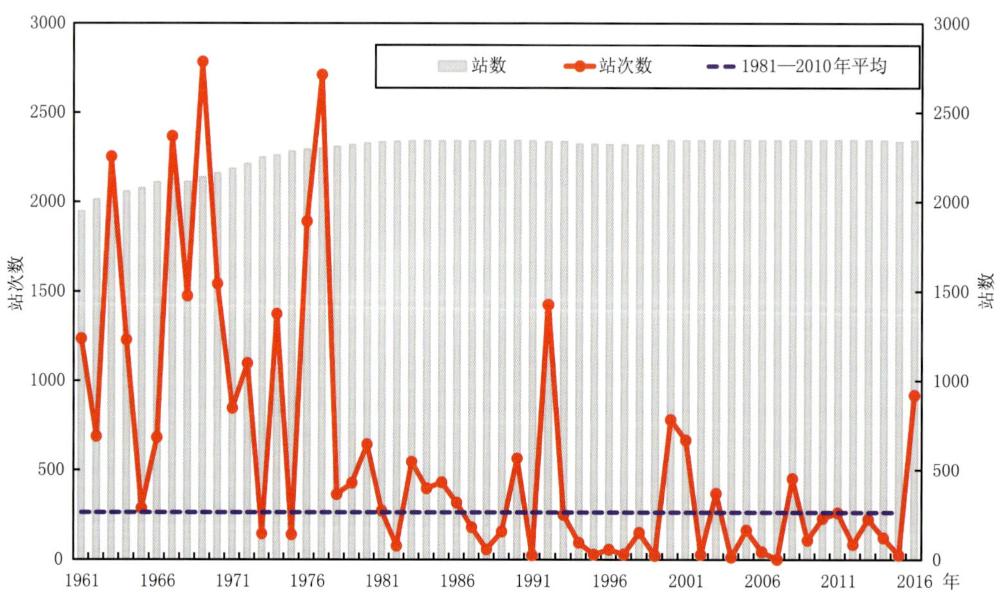

图 1.17　1960/1961—2015/2016 年冬季中国极端低温事件站次数的历年变化图

1.5 东亚冬季风环流系统

1.5.1 东亚冬季风强度

2015/2016 年冬季，东亚冬季风强度指数标准化距平为 1.3，强度较常年偏强（图 1.18）。

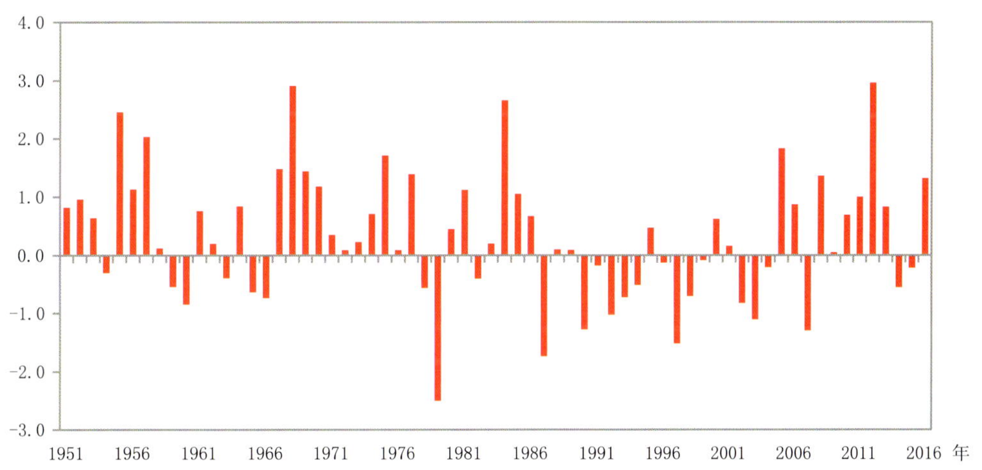

图 1.18 1950/1951—2015/2016 年东亚冬季风强度指数标准化距平历年变化图

1.5.2 冬季风系统成员

（1）西伯利亚高压

2015/2016 年冬季，西伯利亚高压强度指数标准化距平为 1.5，强度较常年偏强(图 1.19)。

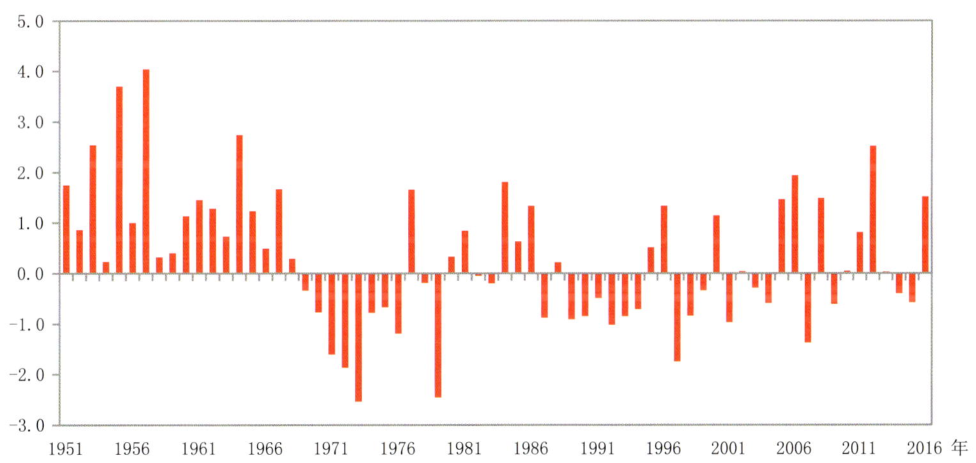

图 1.19 1950/1951—2015/2016 年冬季西伯利亚高压强度指数标准化距平历年变化图

(2)东亚大槽

2015/2016 年冬季,东亚大槽强度指数距平为—27.76,强度接近常年略偏深(图 1.20)。

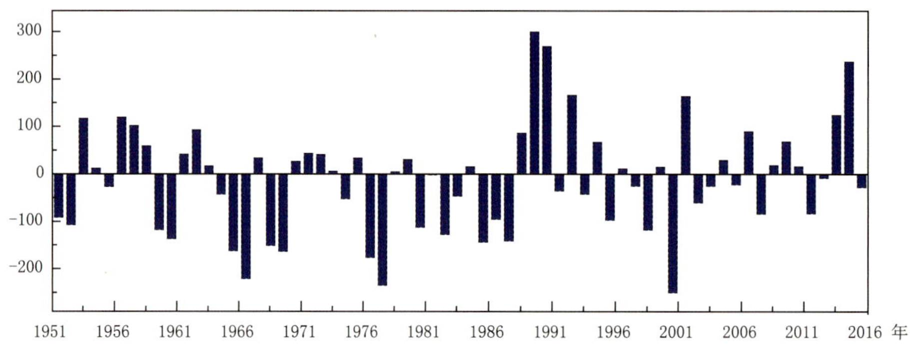

图 1.20　1951/1952—2015/2016 年冬季东亚大槽强度指数距平历年变化图

(3)东亚副热带西风急流

2015/2016 年冬季,东亚副热带西风急流指数为 6917.1,较常年(6437.4)偏大 479.7,急流偏强(图 1.21)。东亚副热带西风急流核位于 139.1°E,33.3°N,较常年(137.9°E,32.5°N)偏东、偏北(图 1.22 和图 1.23)。

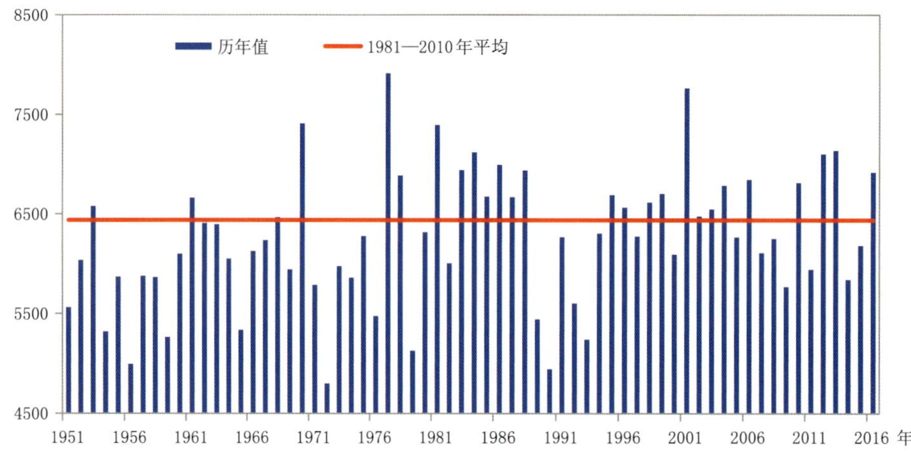

图 1.21　1950/1951—2015/2016 年冬季东亚副热带西风急流指数历年变化图

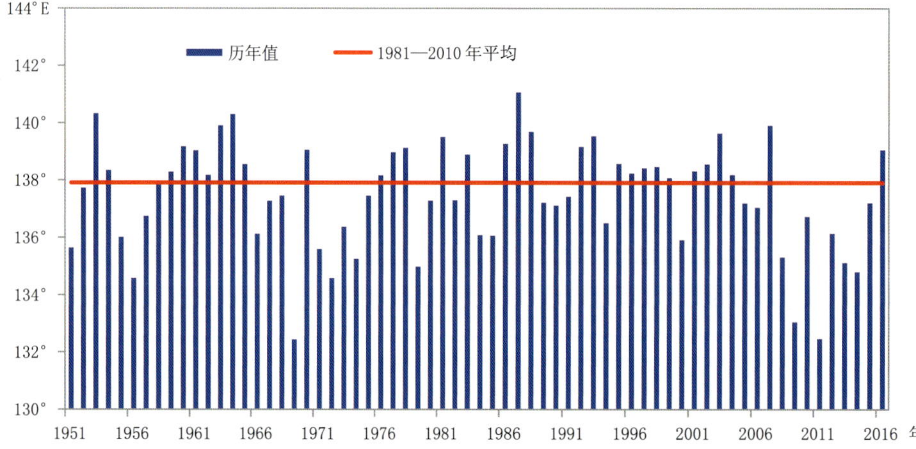

图 1.22　1950/1951—2015/2016 年冬季东亚副热带西风急流核经向位置历年变化图

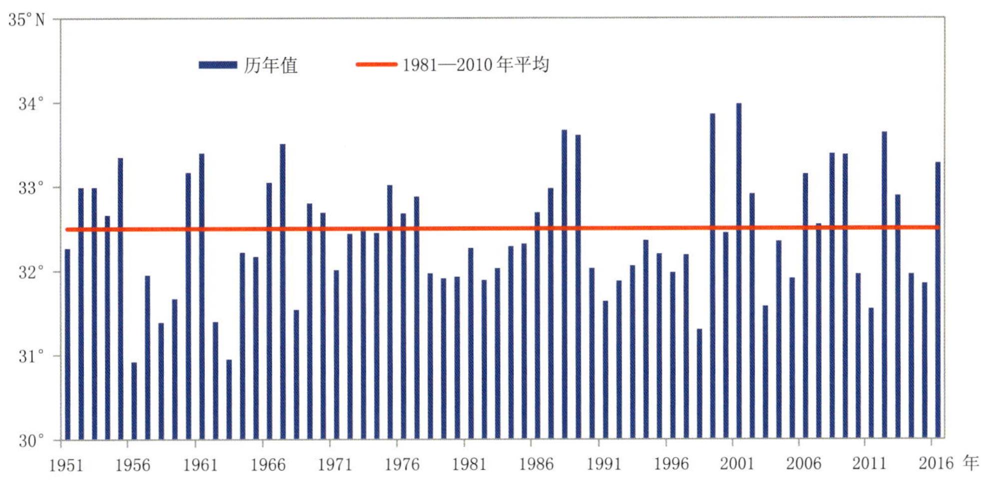

图 1.23 1950/1951—2015/2016 年冬季东亚副热带西风急流核纬向位置历年变化图

(4)北极涛动

2015/2016 年冬季，北极涛动以弱正位相为主，平均强度指数为 0.068(图 1.24)。从季内变化来看，2015 年 12 月中旬前期，2016 年 1 月上旬和中旬，2016 年 2 月中旬前期和下旬后期为负位相，其他时段北极涛动则以正位相为主(图 1.25)。

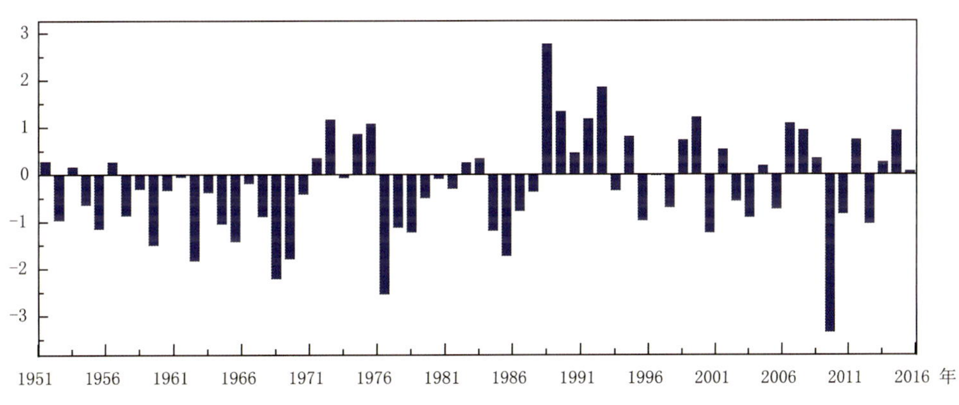

图 1.24 1951/1952—2015/2016 年冬季北极涛动指数历年变化图

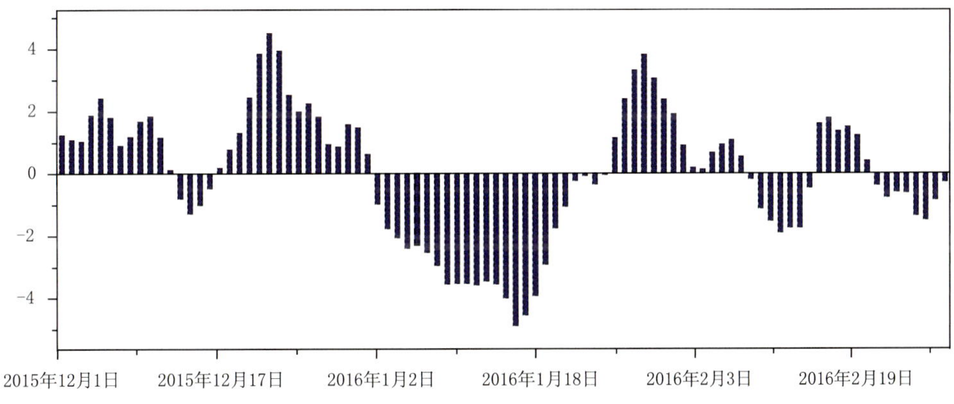

图 1.25 2015 年 12 月 1 日—2016 年 2 月 29 日北极涛动指数变化图

1.5.3 高低空环流特征

(1)海平面气压场

图 1.26～图 1.29 分别给出了 2015/2016 年冬季及季内各月海平面气压场的特征。从图中可以看出:冬季,欧亚大陆中高纬地区呈现“西低东高”分布,西伯利亚高压总体强度偏强。

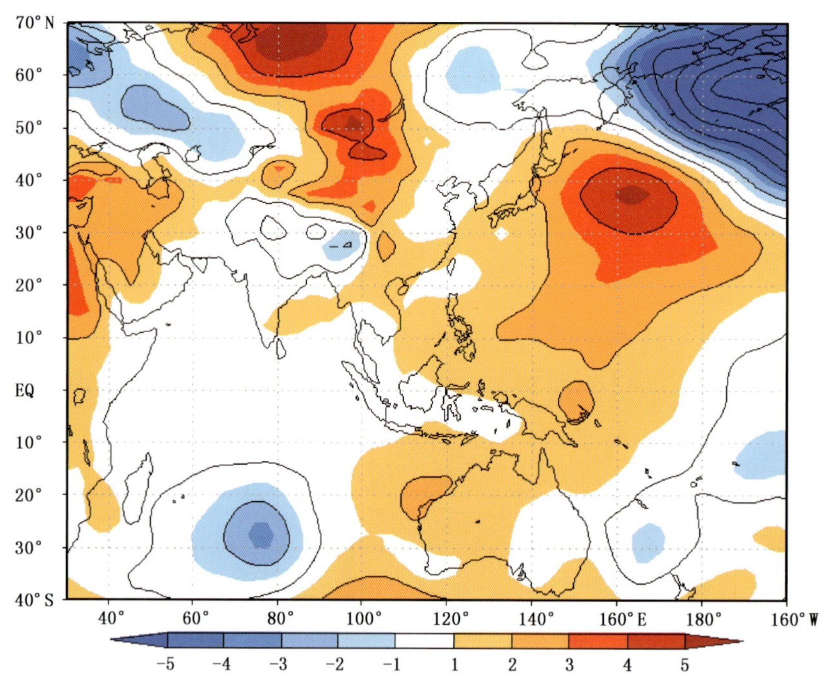

图 1.26　2015/2016 年冬季海平面气压距平分布图(单位:hPa)

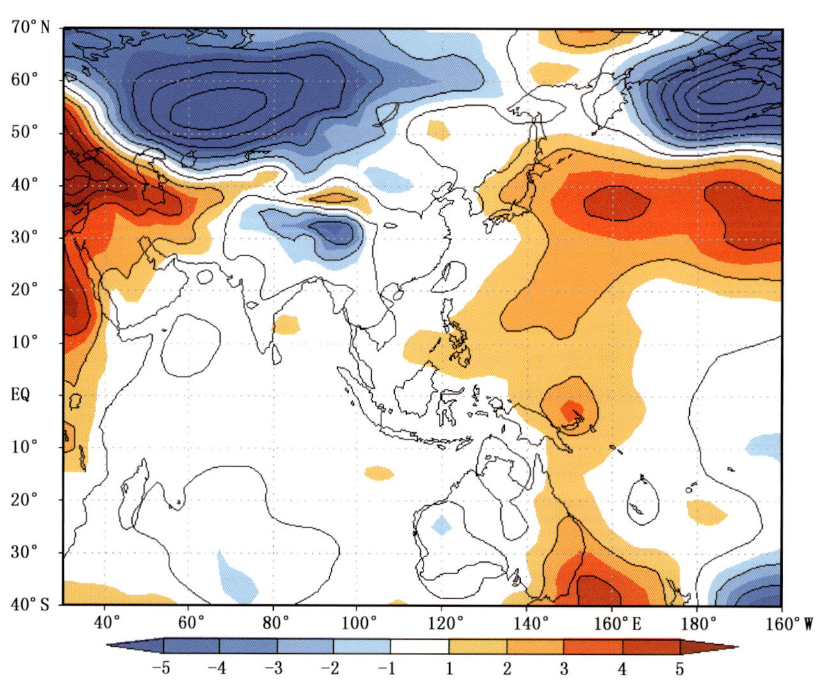

图 1.27　2015 年 12 月海平面气压距平分布图(单位:hPa)

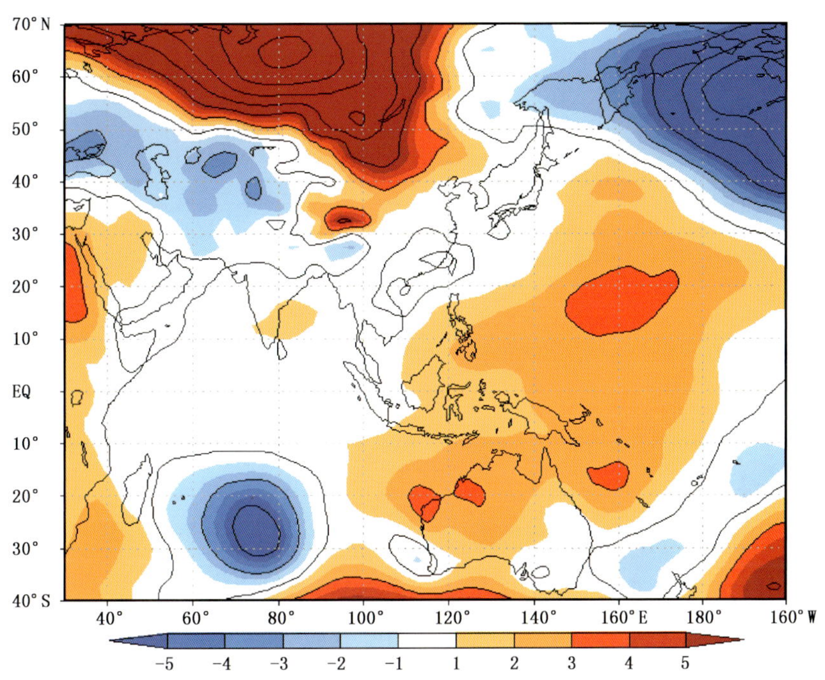

图 1.28 2016 年 1 月海平面气压距平分布图(单位:hPa)

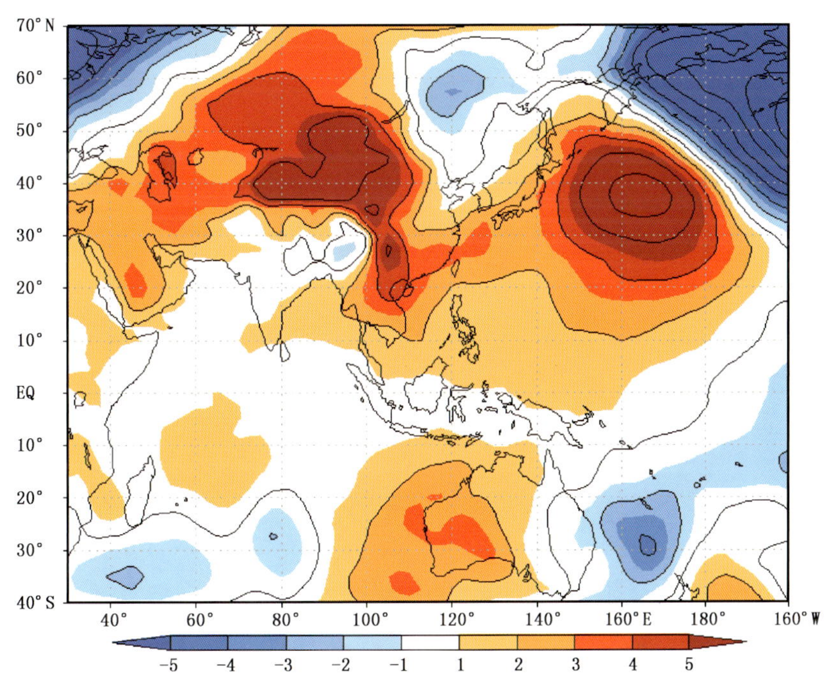

图 1.29 2016 年 2 月海平面气压距平分布图(单位:hPa)

季内,西伯利亚高压地区海平面气压变化显著,主要表现为前冬弱后冬强的特征。其中,2015 年 12 月,西伯利亚高压偏弱,而 2016 年 1—2 月,西伯利亚高压偏强。

(2)850 hPa 风场

2015/2016 年冬季,在 850 hPa 风场上,受东北亚异常气旋性环流及西西伯利亚地区异常反气旋性环流影响,东亚地区北部为异常北风控制(图 1.30)。

从季内变化来看(图 1.31～图 1.33),2015 年 12 月,东亚东北部为弱的偏南风距平控制,冬季风偏弱;2016 年 1—2 月,低层风场发生了调整,中国东部地区主要受偏北风距平的影响。

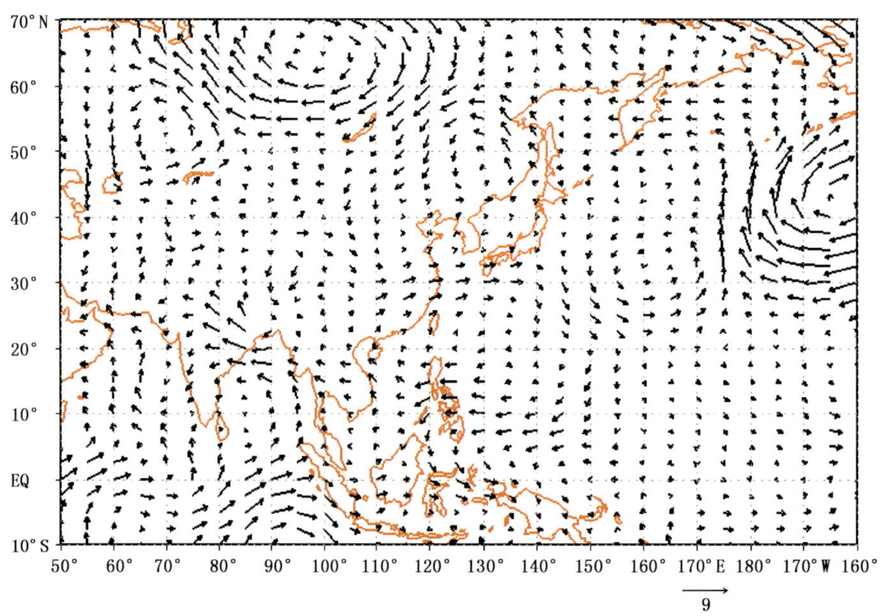

图 1.30　2015/2016 年冬季 850 hPa 风场距平分布图(单位:m/s)

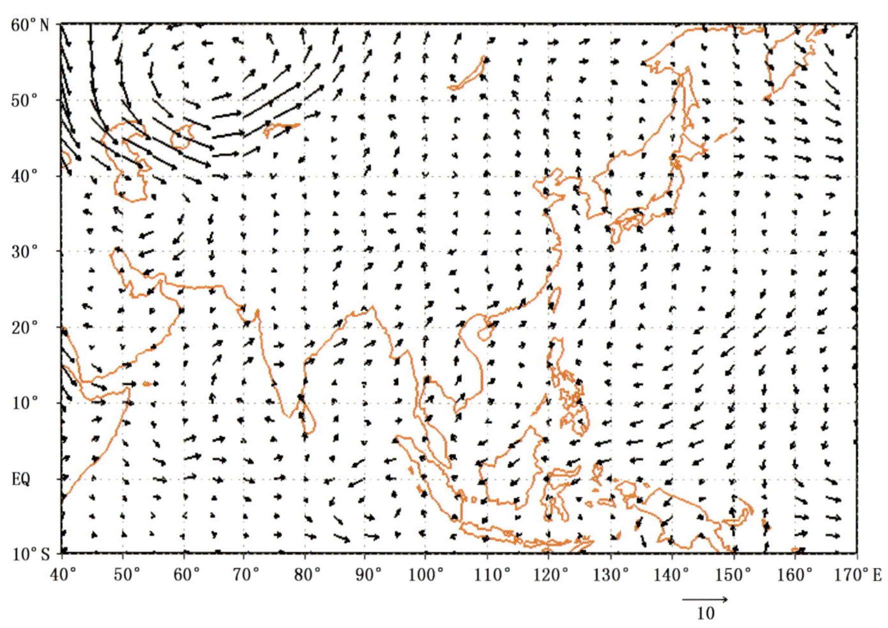

图 1.31　2015 年 12 月 850 hPa 风场距平分布图(单位:m/s)

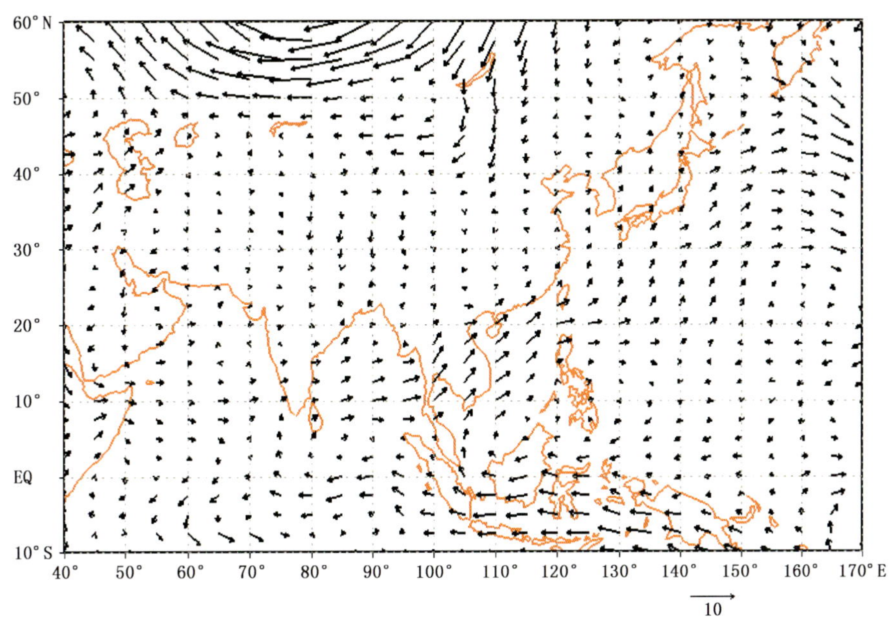

图 1.32　2016 年 1 月 850 hPa 风场距平分布图(单位:m/s)

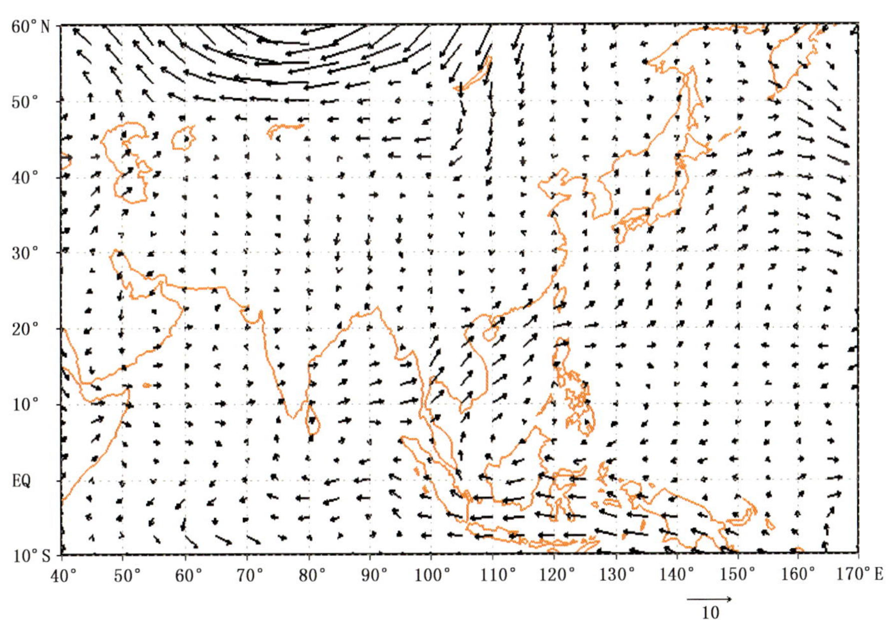

图 1.33　2016 年 2 月 850 hPa 风场距平分布图(单位:m/s)

(3)水汽输送场

2015/2016 年冬季,整层积分水汽输送距平场上(图 1.34),影响中国南方地区的异常水汽输送主要来自西太平洋副热带高压(以下简称西太副高)西侧外围引导气流。

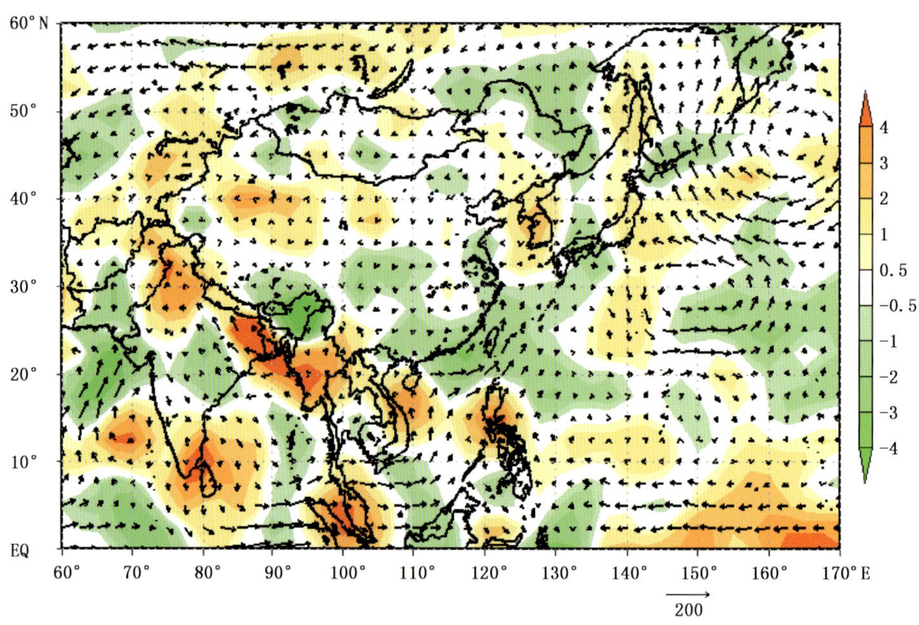

图 1.34 2015/2016 年冬季对流层(1000～300 hPa)整层积分水汽输送(矢量;单位:kg/(s·m))和辐合辐散距平(彩色阴影;单位 10^{-5}kg/(s·m^2))分布图

从季内变化来看(图 1.35～图 1.37),2015 年 12 月,影响中国南方地区的水汽通道主要是来自孟加拉湾的异常南风气流;2016 年 1 月,影响中国南方地区的水汽主要是来自北部湾和南海的异常南风气流;2016 年 2 月,影响中国东部地区的水汽主要是来自西太平洋的异常偏东风气流。

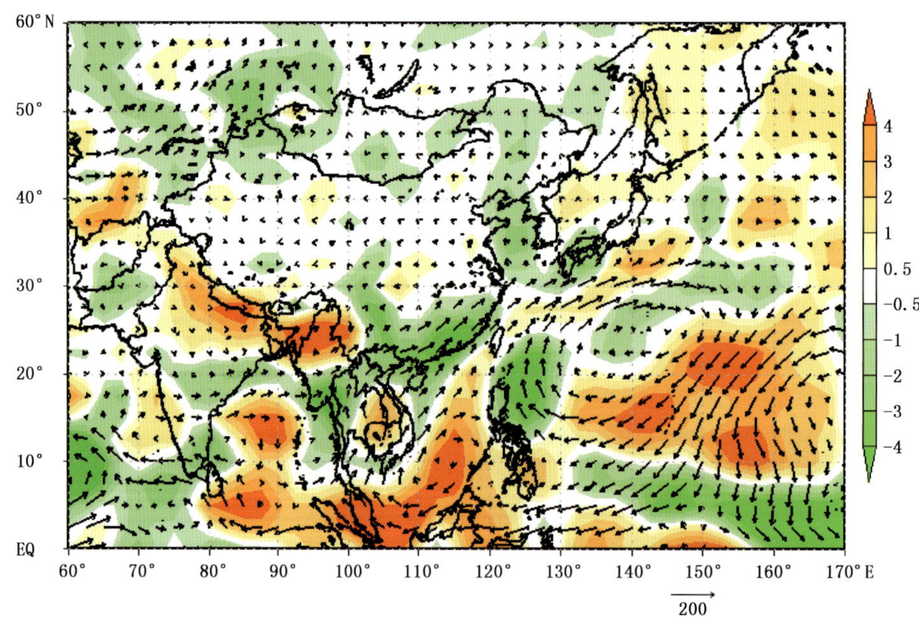

图 1.35 2015 年 12 月对流层(1000～300 hPa)整层积分水汽输送(矢量;单位:kg/(s·m))和辐合辐散距平(彩色阴影;单位 10^{-5}kg/(s·m^2))分布图

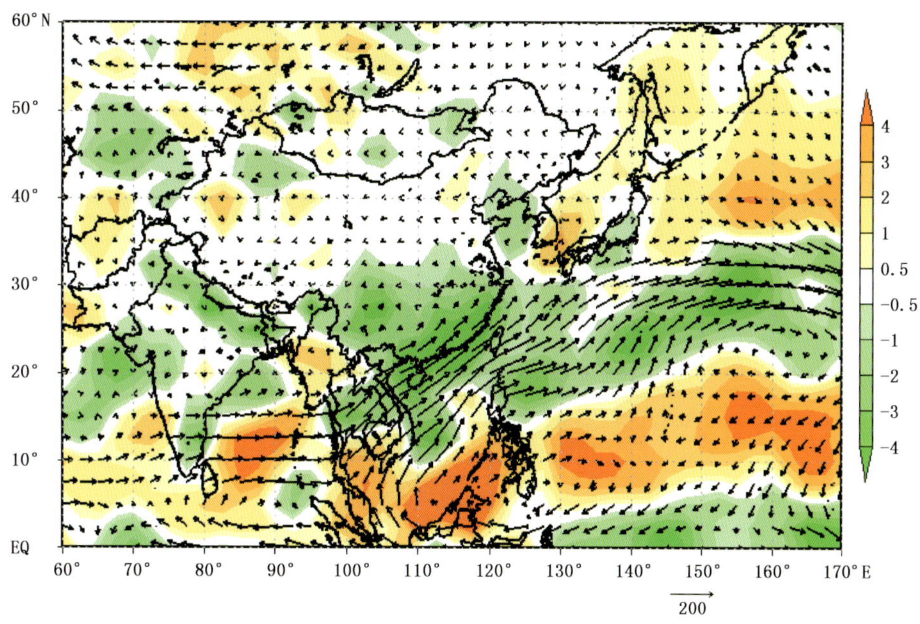

图 1.36　2016 年 1 月对流层(1000～300 hPa)整层积分水汽输送(矢量;单位:kg/(s·m))和辐合辐散距平(彩色阴影;单位 10^{-5}kg/(s·m^2))分布图

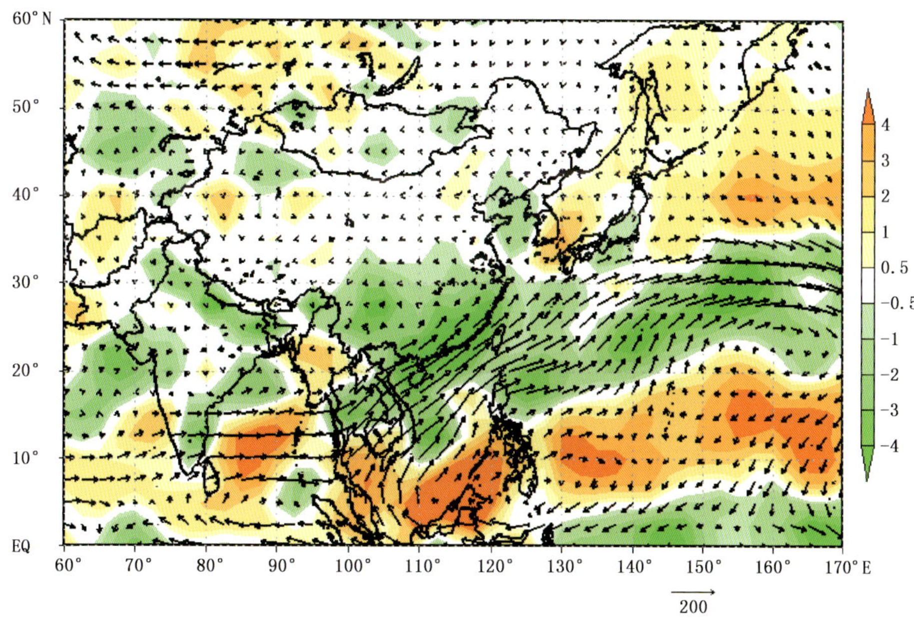

图 1.37　2016 年 2 月对流层(1000～300 hPa)整层积分水汽输送(矢量;单位:kg/(s·m))和辐合辐散距平(彩色阴影;单位 10^{-5}kg/(s·m^2))分布图

(4)500 hPa 高度场

2015/2016 年冬季,500 hPa 高度场上(图 1.38),北极地区为正距平控制,极涡分裂为两个中心,分别位于北美大陆及鄂霍次克海上空。欧亚中高纬呈“西高东低”环流型分布,西太副高面积偏大、强度偏强、位置偏西。

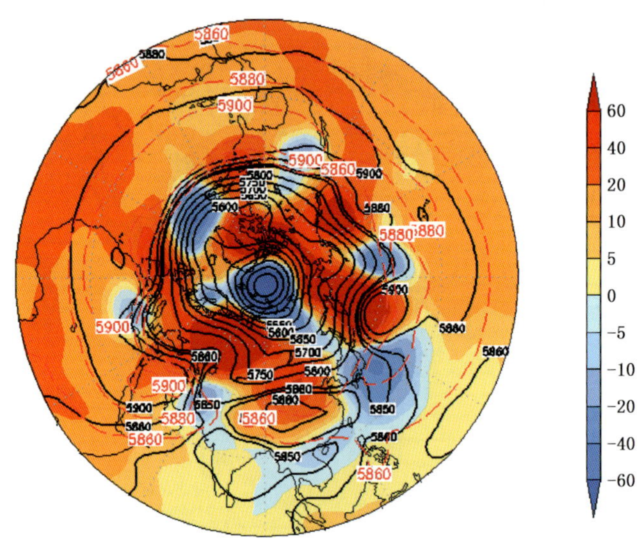

图 1.38　2015/2016 年冬季 500 hPa 位势高度平均值(等值线)及距平(彩色阴影)分布图(单位:gpm)
(红色等值线表示气候平均的 5860 gpm 和 5880 gpm 等值线,近似代表西太副高气候平均的位置)

从季内变化来看(图 1.39～图 1.41),2015 年 12 月,欧亚中高纬度以纬向型环流为主,AO(北极涛动)总体呈现正位相,副高偏强偏西,印缅槽偏弱。2016 年 1 月,环流形势发生了调整,一个极涡中心偏向鄂霍次克海—北太平洋西部,东亚中高纬经向型环流强,乌拉尔山以西阻塞高压发展,东亚大槽偏强,中国气温偏低。2016 年 2 月,中纬度多短波槽脊,欧亚中高纬环流以“二波”为主,盛行“西高东低”环流型。

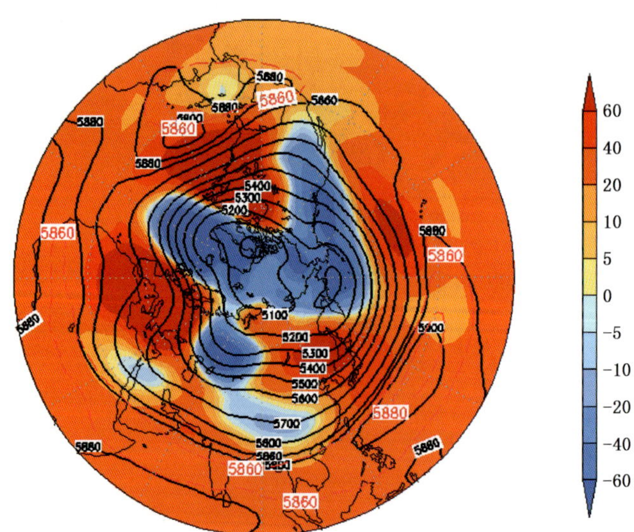

图 1.39　2015 年 12 月 500 hPa 位势高度平均值(等值线)及距平(彩色阴影)分布图(单位:gpm)
(红色等值线表示气候平均的 5860 gpm 和 5880 gpm 等值线,近似代表西太副高气候平均的位置)

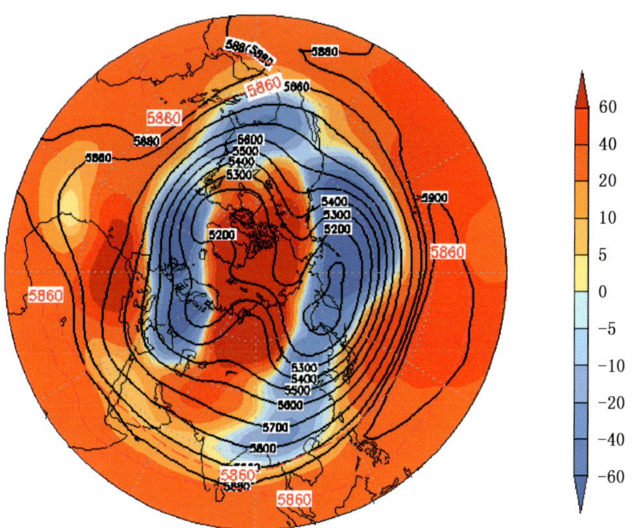

图 1.40 2016 年 1 月 500 hPa 位势高度平均值(等值线)及距平(彩色阴影)分布图(单位:gpm)
(红色等值线表示气候平均的 5860 gpm 和 5880 gpm 等值线,近似代表西太副高气候平均的位置)

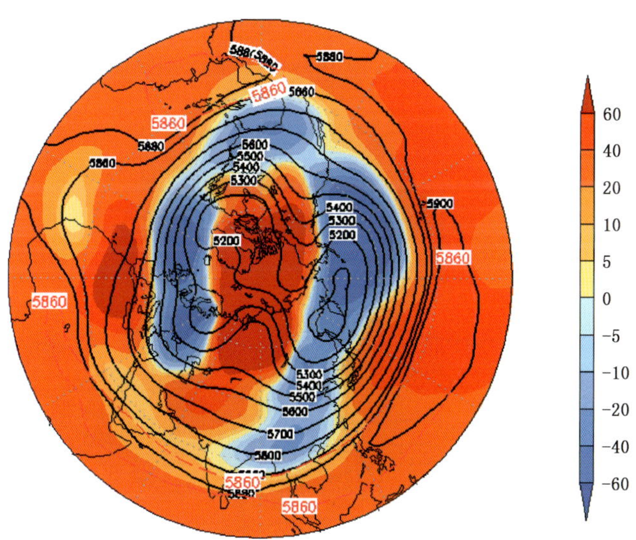

图 1.41 2016 年 2 月 500 hPa 位势高度平均值(等值线)及距平(彩色阴影)分布图(单位:gpm)
(红色等值线表示气候平均的 5860 gpm 和 5880 gpm 等值线,近似代表西太副高气候平均的位置)

(5)200 hPa 纬向风场

2015/2016 年冬季,在 200 hPa 纬向风场上,东亚副热带急流在大陆和海洋上表现出不同的特征。东亚地区上空急流总体偏南。而位于太平洋上空的副热带急流总体位置偏北(图 1.42)。从季内变化来看(图 1.43～图 1.45),2015 年 12 月,东亚地区的副热带急流强度偏弱,海洋上的位置略偏北,2016 年 1 月,急流异常偏南,2016 年 2 月,大陆上空急流总体偏弱。

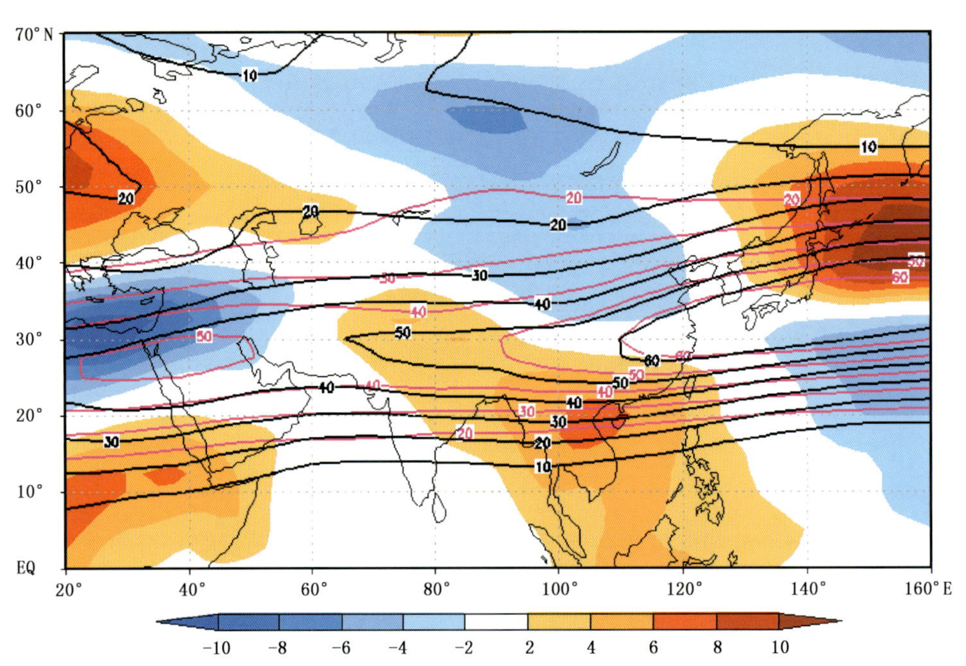

图 1.42　2015/2016 冬季 200 hPa 纬向风平均场(等值线)及距平(彩色阴影)分布图(单位:m/s)
(红色等值线代表气候平均的 20～60 m/s 等值线,近似代表急流中心气候平均的位置)

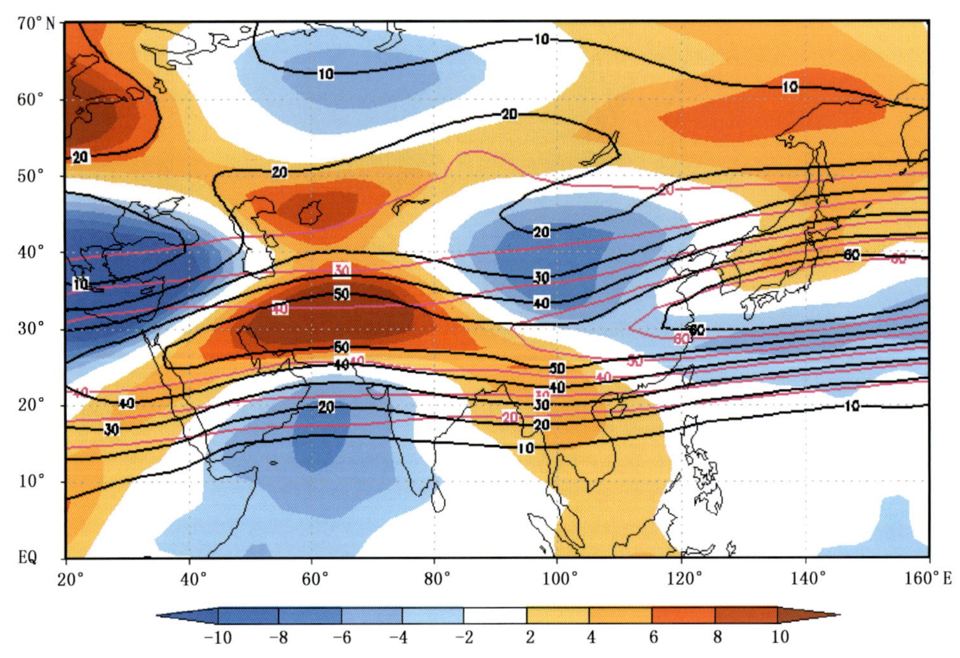

图 1.43　2015 年 12 月 200 hPa 纬向风平均场(等值线)及距平(彩色阴影)分布图(单位:m/s)
(红色等值线代表气候平均的 20～60 m/s 等值线,近似代表急流中心气候平均的位置)

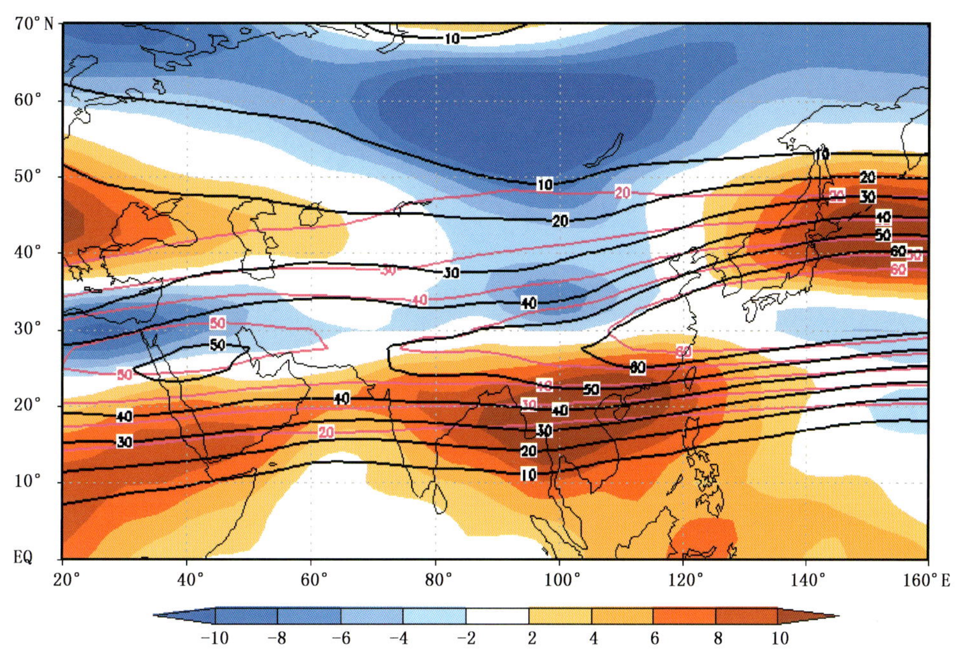

图 1.44 2016 年 1 月 200 hPa 纬向风平均场(等值线)及距平(彩色阴影)分布图(单位:m/s)
(红色等值线代表气候平均的 20～60 m/s 等值线,近似代表急流中心气候平均的位置)

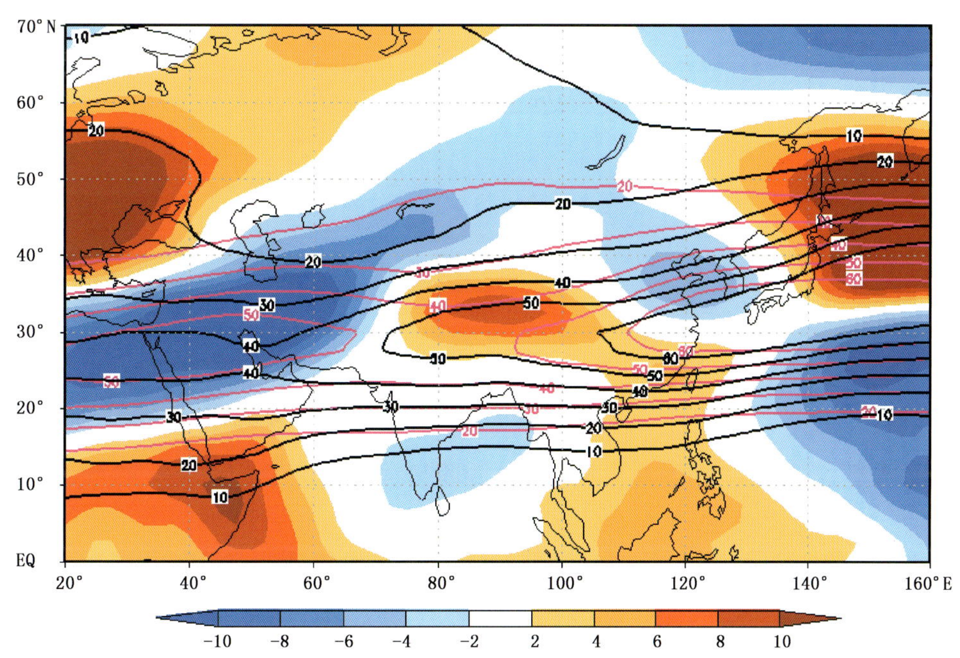

图 1.45 2016 年 2 月 200 hPa 纬向风平均场(等值线)及距平(彩色阴影)分布图(单位:m/s)
(红色等值线代表气候平均的 20～60 m/s 等值线,近似代表急流中心气候平均的位置)

1.5.4 阻塞高压活动

2015/2016 年冬季，欧亚中高纬地区阻塞高压（以下简称阻高）活动主要表现为前冬强后冬较弱的特征。2015 年 12 月下旬，鄂霍次克海地区上空有一次阻高建立并且西移的过程，使得东亚中高纬地区的环流经向度加大。1 月上旬，乌拉尔山以东地区上空出现了一次较强的阻高活动，并且稳定少动。1 月下旬和 2 月中下旬，在贝加尔湖以西和乌拉尔地区上空分别出现了一次较弱的阻高活动（图 1.46）。

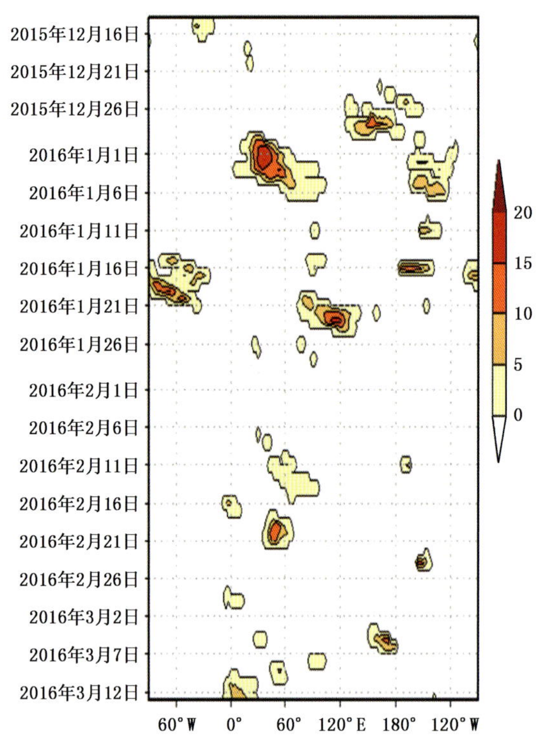

图 1.46　2015/2016 年冬季北半球阻塞高压指数时间—经度演变特征图（单位：gpm/纬度）

1.5.5 平流层过程

2015 年 10 月初至 2016 年 1 月末，正的平流层 NAM（北半球环状模）信号几乎持续整个冬季（图 1.47），NAM 值从 12 月初开始迅速增大，可达到 5.0 以上（极涡异常强）。

根据早期的观测资料，平流层大尺度环流的变化首先出现在距离地面约 50 km 的高度，然后下传至平流层的低层，最后下传至对流层，导致对流层出现天气的异常事件。受平流层 NAM 信号的影响，2015 年 10 月中旬开始，地面 AO 信号为正，对流层极区冷空气比较稳定，不易南下扩散。然而，从 2016 年 1 月初开始，平流层的信号并没有充分下传至对流层，在此期间有显著的负 AO 信号维持在对流层中，与平流层 NAM 信号相反，对流层极区冷空气较为活跃，易造成中国地面气温偏低。此外，受对流层以及平流层自身变率的可能影响，2016 年 2 月开始，平流层正的 NAM 信号开始减弱，间歇性出现负的 NAM 信号。

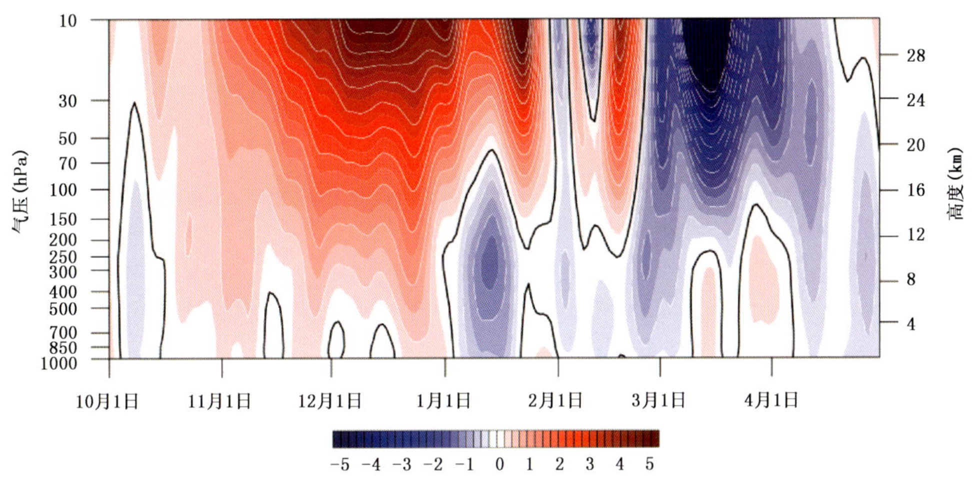

图 1.47 2015 年 10 月至 2016 年 4 月 NAM 指数高度—时间图

1.6 MJO 活动

2015/2016 年冬季，MJO 活动总体较强，但也存在阶段性变化特征。2015 年 12 月上旬，特别是第 1 候 MJO 活动强度偏弱，从中旬开始，MJO 强度加强，并从第 4 位相传播到第 6、7 位相之间(图 1.48)。2016 年 1 月，MJO 从第 7 位相向东传播到第 3 位相，除第 5 候有阶段性的减弱以外，MJO 活动依旧维持总体偏强的特征。2016 年 2 月，MJO 从第 3 位相传播到第 7 位相，强度偏强。因此，MJO 在整个冬季强度总体偏强，同时伴随阶段性的减弱过程，传播特征十分明显。

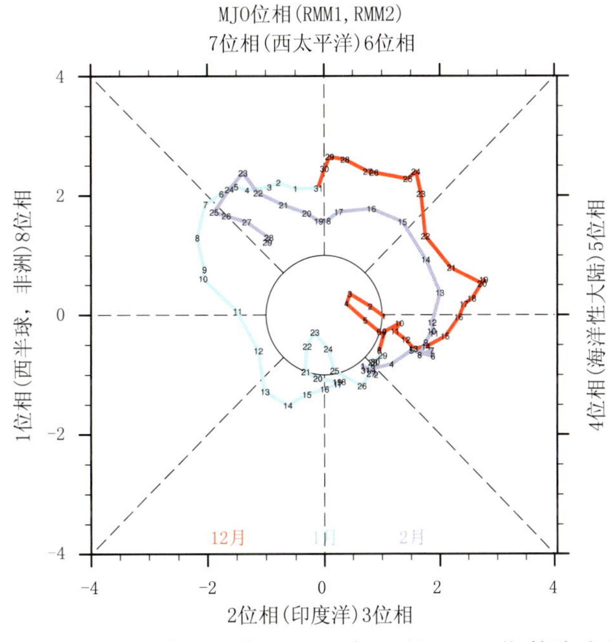

图 1.48 2015 年 12 月—2016 年 2 月 MJO 指数演变图

(MJO 指数在中心圆以内强度偏弱，反之亦然)

第 2 章　东亚夏季风

2016 年，亚洲热带季风最早于 5 月第 2 候在赤道印度洋建立，然后分别向西北及东北方向推进。南海夏季风于 5 月第 5 候爆发，10 月第 6 候结束。爆发时间与常年一致，结束时间为 1951 年以来最晚，强度较常年略偏弱。

夏季，东亚副热带夏季风平均强度接近常年略偏强，但季内变化显著，6—7 月较常年明显偏弱，而 8 月转为异常偏强。西太副高强度偏强、西伸脊点偏西、脊线位置略偏南，但季内南北摆动很大。西北太平洋热带辐合带(季风槽)强度略偏弱。夏季，东亚地区大部降水以偏多为主，尤其是中国西北地区、华北至华南，蒙古国西部等地；东亚地区大部气温以偏高为主，尤其中国西部和蒙古国局部地区气温偏高显著。

夏季风系统其他成员中，马斯克林高压偏强，澳大利亚高压偏弱，索马里越赤道气流强度略偏强，孟加拉湾越赤道气流偏强，南海越赤道气流偏弱，菲律宾越赤道气流偏弱。南亚高压强度偏强，中心位置偏北、偏东。东亚副热带西风急流强度异常偏弱，位置明显偏北。此外，夏季 30～60 天低层纬向风季内振荡经向传播变化特征明显。

2.1　夏季气温

2.1.1　东亚气温

2016 年夏季，东亚地区气温以偏高为主，中国西部和蒙古国局部地区偏高超过 2℃(图 2.1)。从季内变化来看(图 2.2～图 2.4)，6 月东亚东北部气温偏低，盛夏东亚大部地区气温持续偏高。

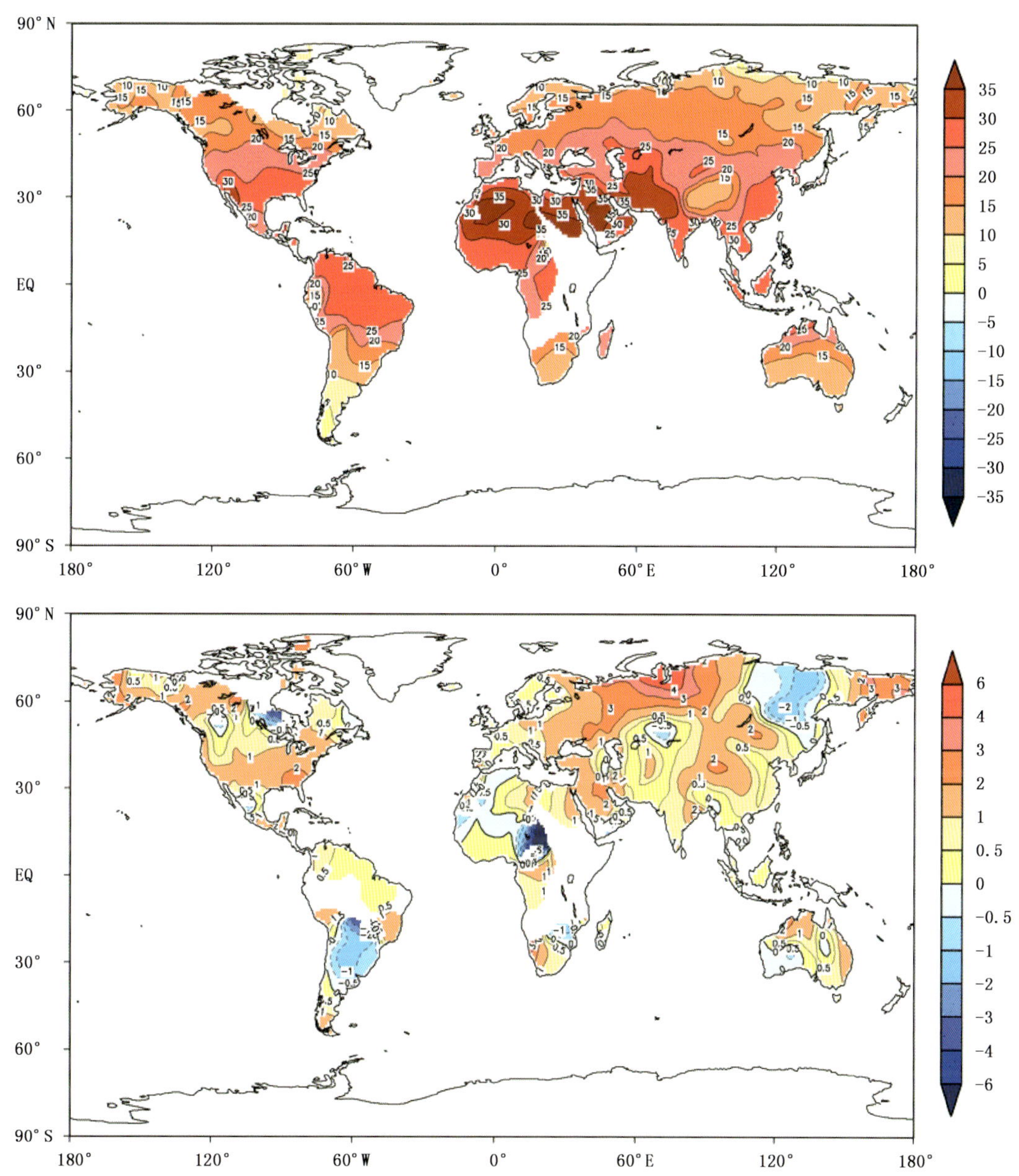

图 2.1　2016 年夏季全球气温(上)及距平(下)分布图(单位:℃)

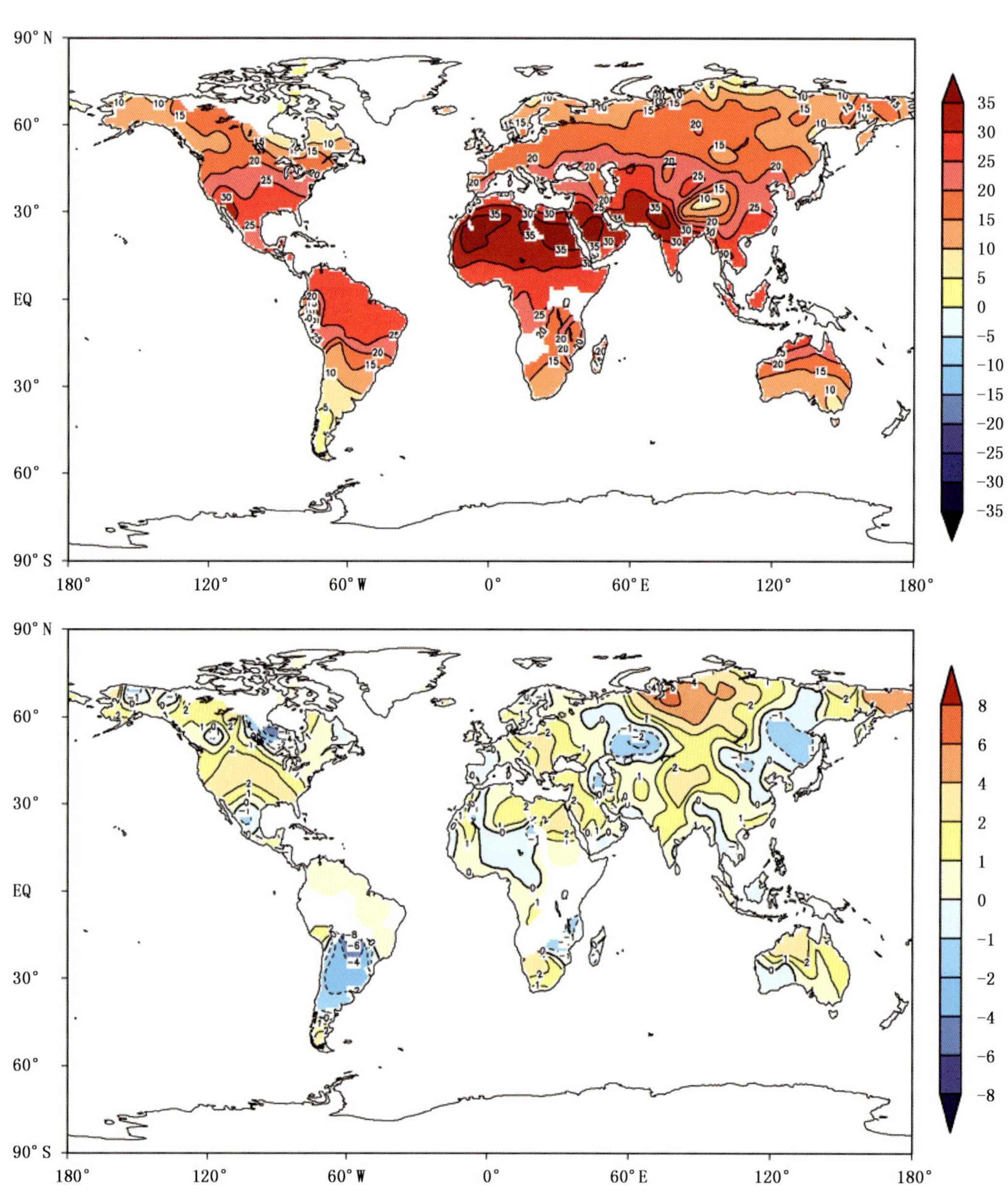

图 2.2　2016 年 6 月全球气温(上) 及距平(下)分布图(单位:℃)

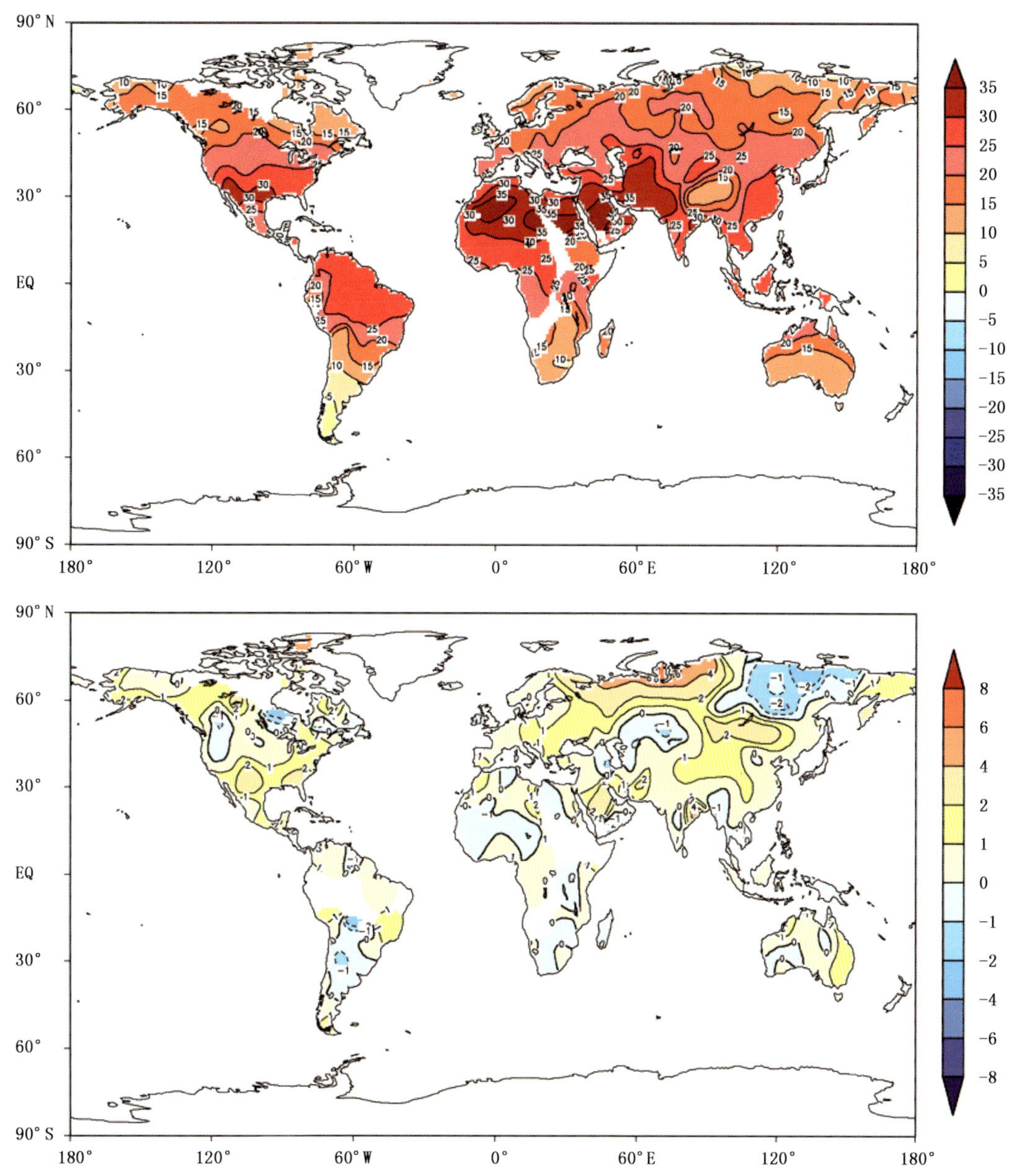

图 2.3 2016 年 7 月全球气温(上)及距平(下)分布图(单位:℃)

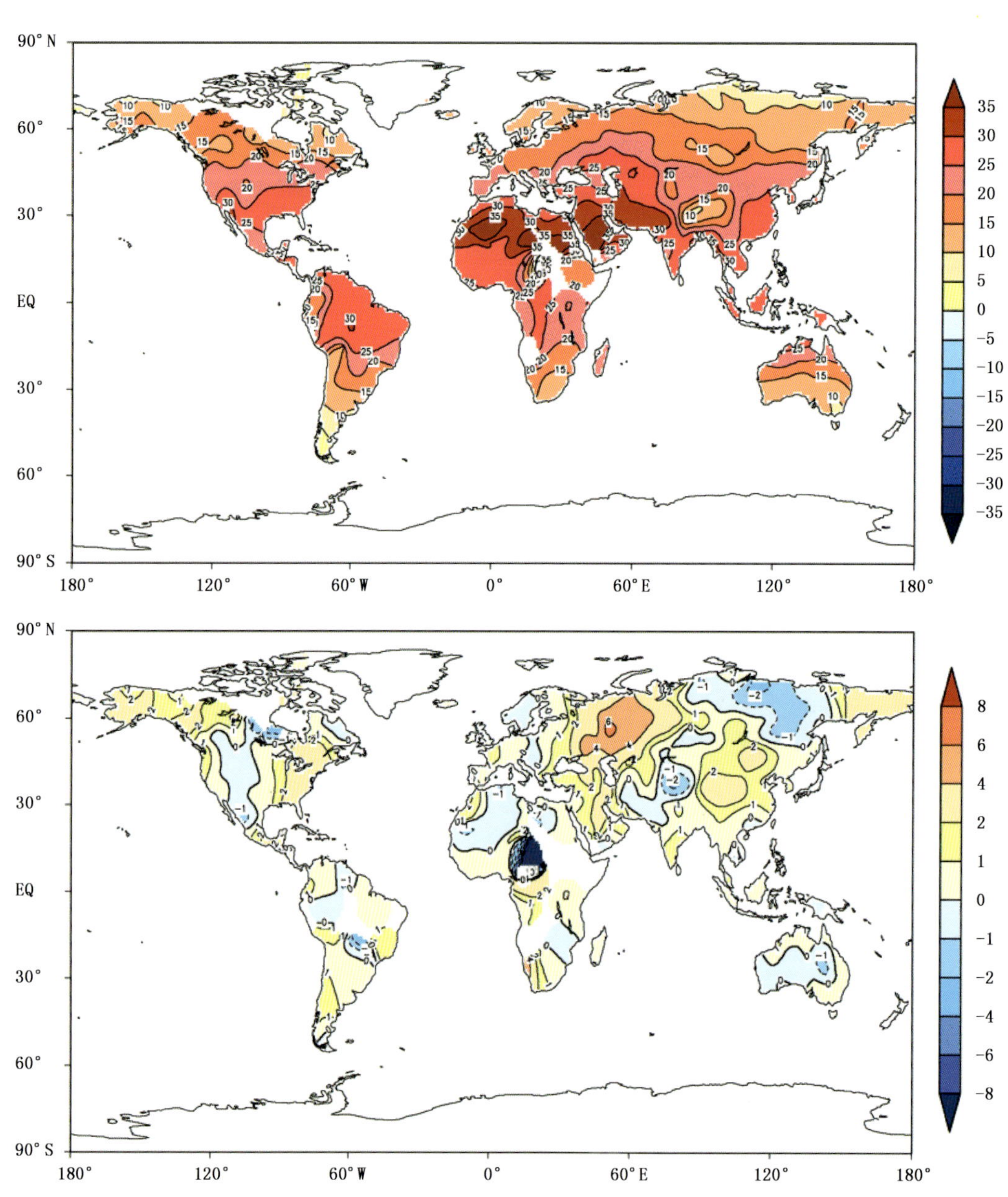

图 2.4　2016 年 8 月全球气温(上)及距平(下)分布图(单位:℃)

2.1.2 中国气温

2016 年夏季，全国平均气温为 21.8℃，较常年同期（20.9℃）偏高 0.9℃，较 2015 年偏高 0.6℃（图 2.5）。从空间分布来看，全国大部地区气温偏高，其中内蒙古东部、江南东北部、西南地区北部和东部、西北大部、西藏北部和西部等地气温偏高 1～2℃，青海大部和甘肃东部局部偏高 2～4℃；而黑龙江西北部局部气温偏低 0.5～1℃（图 2.6）。

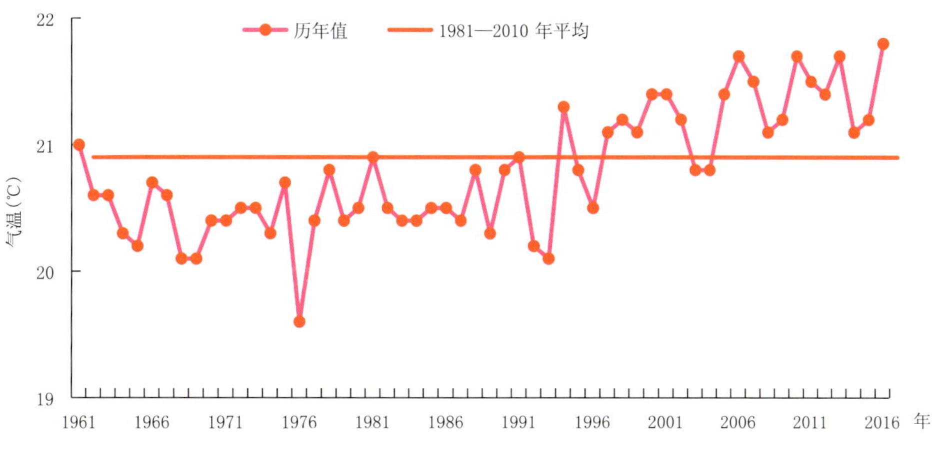

图 2.5　1961—2016 年夏季全国平均气温历年变化图（单位：℃）

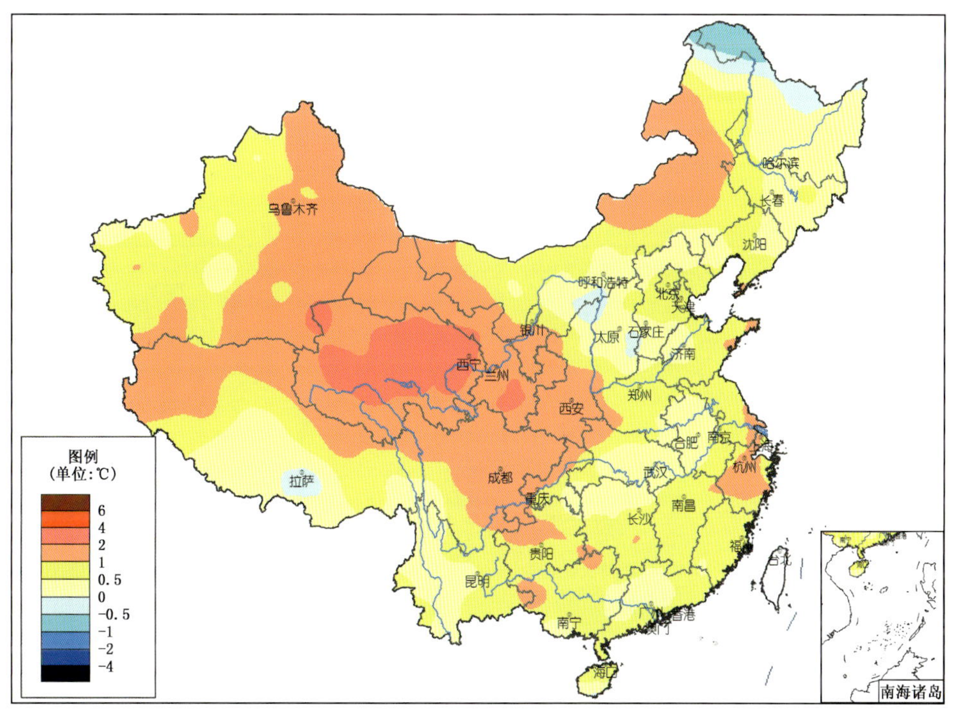

图 2.6　2016 年夏季全国平均气温距平分布图

2.2 夏季降水

2.2.1 东亚降水

2016 年夏季，东亚地区降水以偏多为主，但时空分布不均(图 2.7)。其中，中国西北地区和华北至华南、蒙古国西部降水偏多，局部地区偏多 30%以上；其余大部地区降水接近常年或偏少。季内(图 2.8～图 2.10)，6 月中国大部和蒙古国降水偏多，7 月中国大部和蒙古国西部降水偏多，8 月中国华南和西北地区以及蒙古国大部降水偏多。

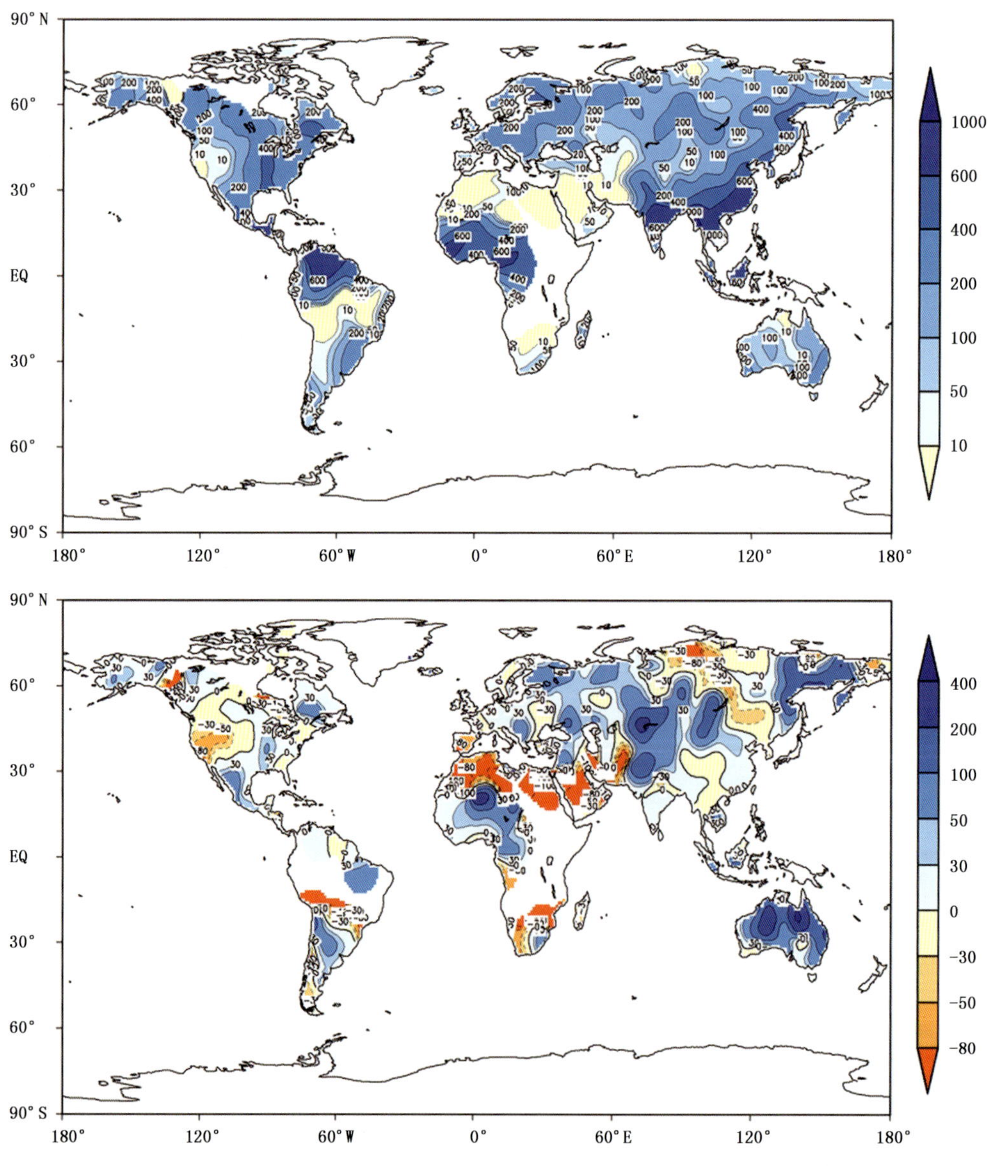

图 2.7　2016 年夏季全球降水量(上，单位：mm)及距平百分率(下，单位：%)分布图

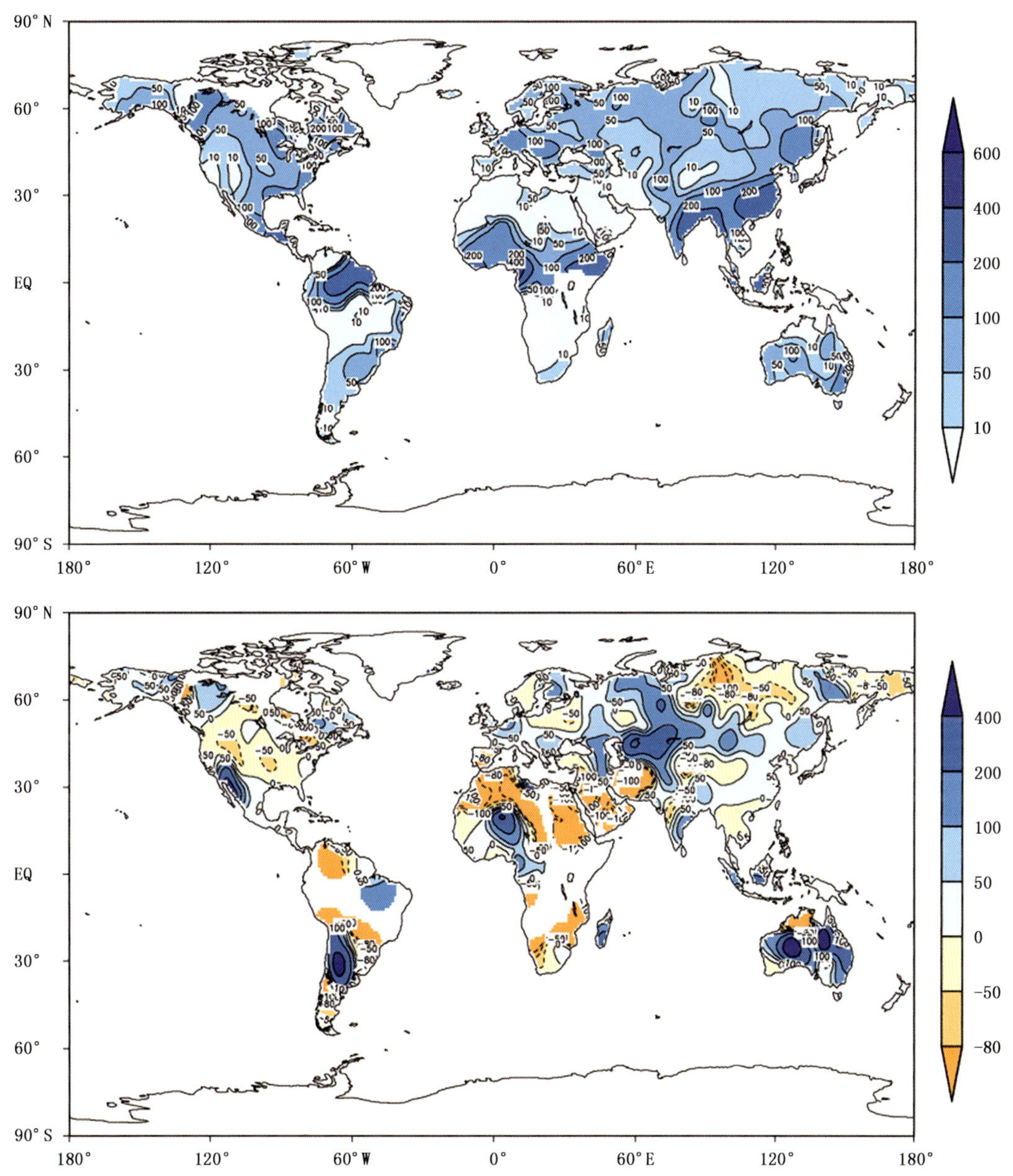

图 2.8 2016 年 6 月全球降水量(上，单位:mm)及距平百分率(下，单位:%)分布图

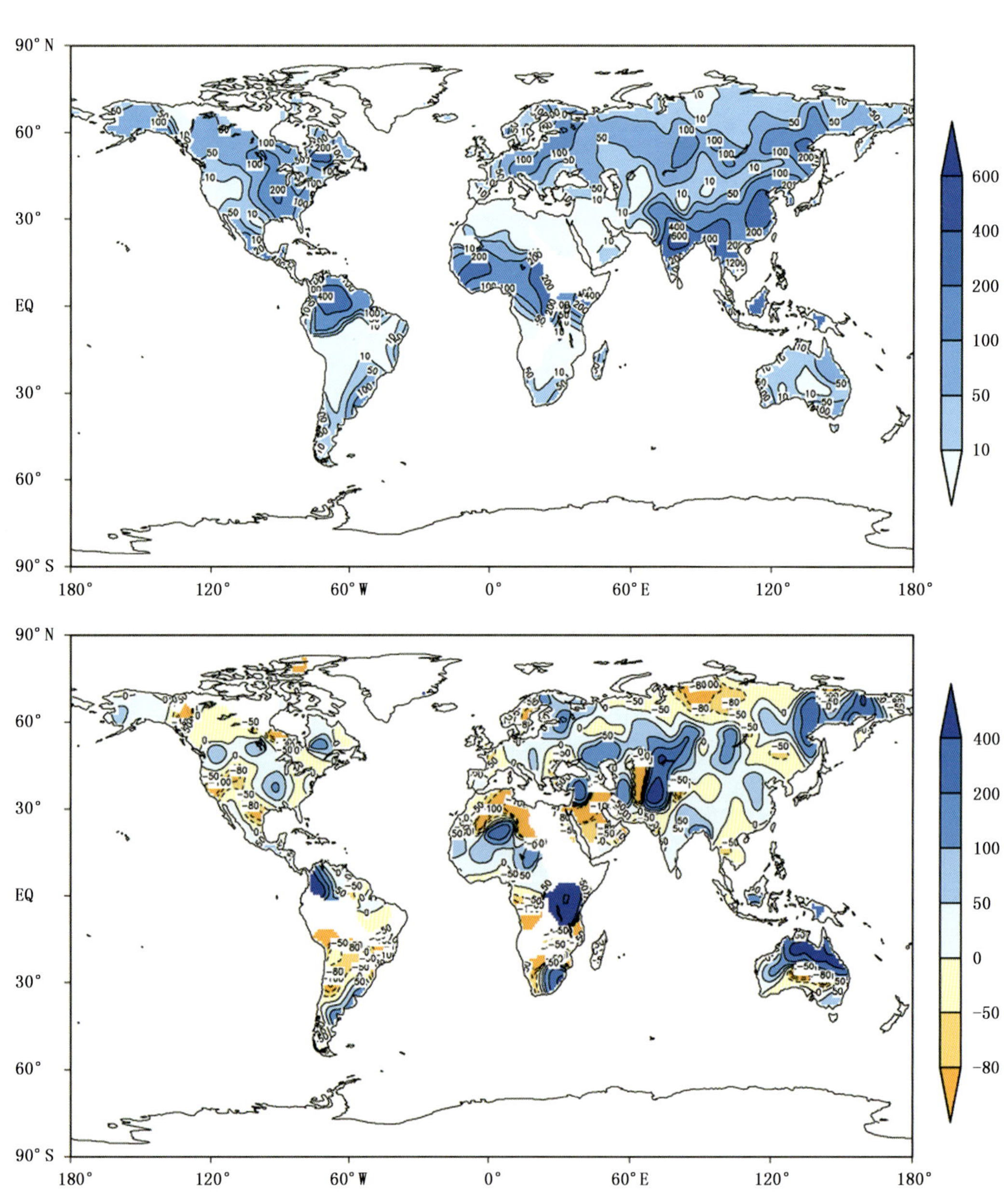

图 2.9　2016 年 7 月全球降水量(上，单位:mm)及距平百分率(下，单位:%)分布图

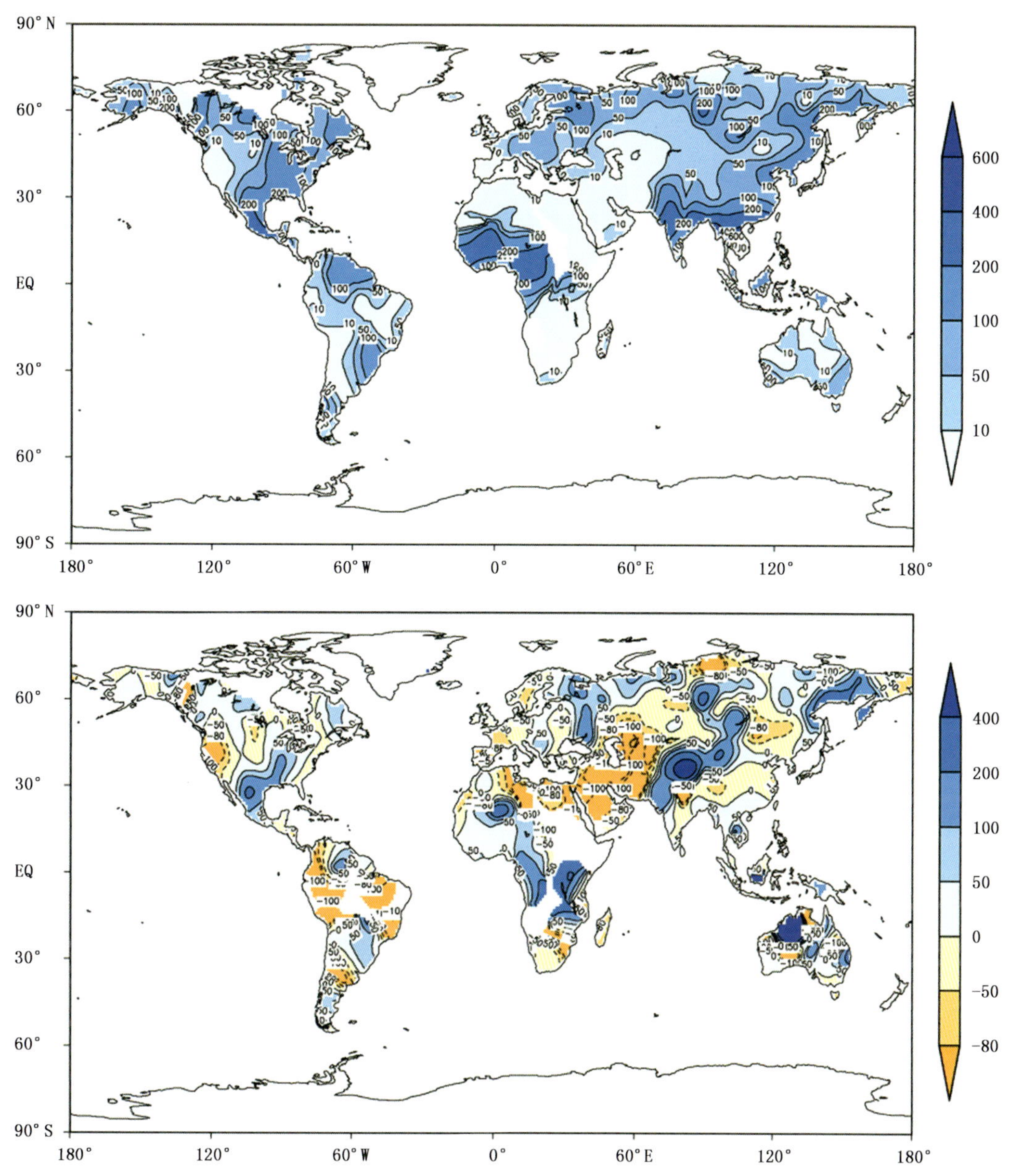

图 2.10　2016 年 8 月全球降水量(上，单位:mm)及距平百分率(下，单位:%)分布图

2.2.2　中国降水

2016 年夏季,全国平均降水量为 343.4 mm,较常年同期(325.2 mm)偏多 5.6%(图 2.11)。从空间分布来看,中国长江中下游和北方大部地区降水总体呈偏多的特征,其中,东北东部和南部局部、华北、黄淮北部、江汉、江淮南部、江南北部、西南地区东部局部、西北地区大部、内蒙古中西部、西藏西部等地降水偏多 20%~50%,局部偏多 50%以上。全国其余大部地区降水接近常年或偏少,其中内蒙古东部、东北西北部、西北地区东南部至黄淮南部、西南地区东北部和北部局部等地降水偏少 20%~50%(图 2.12)。

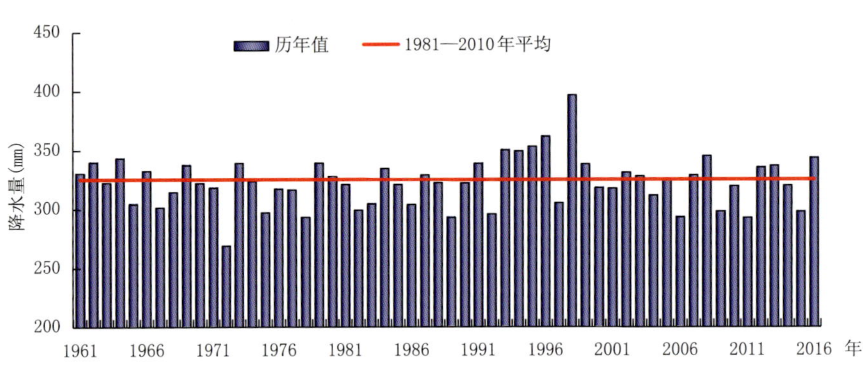

图 2.11　1961—2016 年夏季全国平均降水量历年变化图

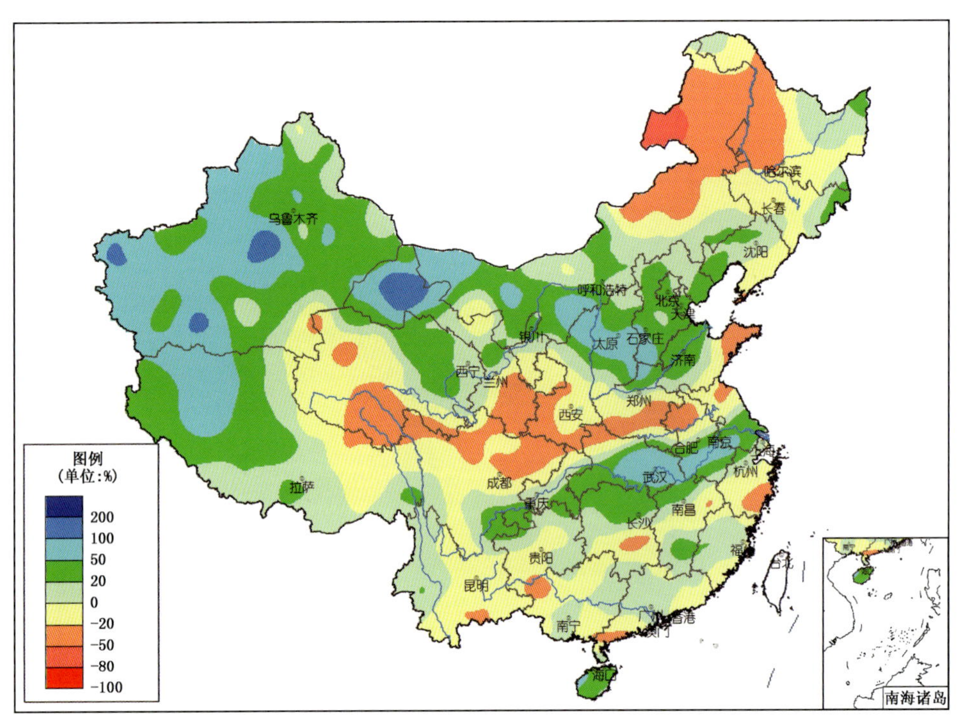

图 2.12　2016 年夏季全国降水距平百分率分布图

2.3　极端事件

2.3.1　极端高温

2016 年夏季，中国西北中部、西南大部、江淮东部和南部、江南西部及内蒙古东部等地有 368 站发生极端高温事件，其中内蒙古新巴尔虎右旗(44.1℃)，重庆丰都(43.9℃)，新疆若羌(43.9℃)等 83 站的日最高气温达到或超过历史极值(图 2.13)。四次高温过程主要发生在 6 月 16—29 日,7 月 19 日—8 月 2 日及 8 月 5—26 日的中东部大范围高温,以及 7 月 5—12 日江南和华南的高温。季内,全国共发生极端高温事件 734 站次,是常年值(252 站次)的 2.9 倍(图 2.14)。

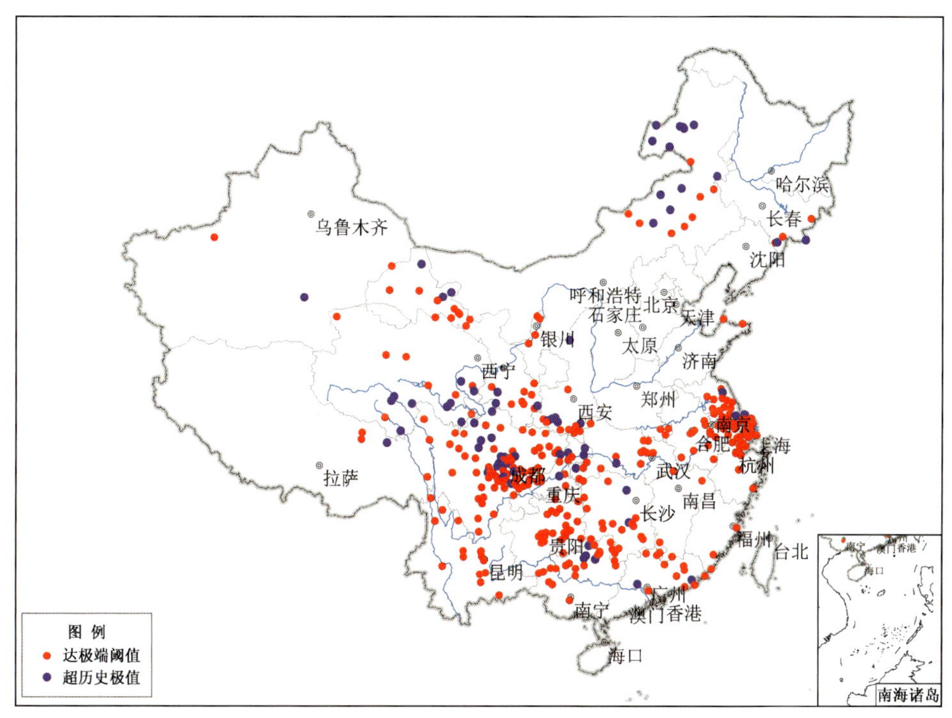

图 2.13 2016 年夏季全国极端高温事件站点分布图

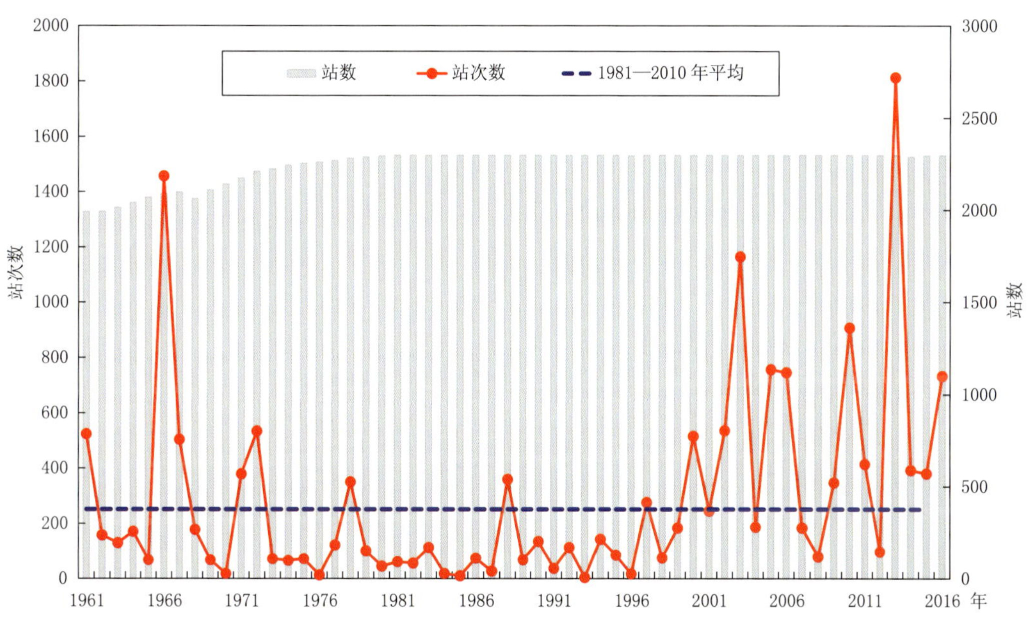

图 2.14 1961—2016 年夏季全国极端高温事件站次数的历年变化图

2.3.2 极端降水

2016 年夏季，中国东北东南部、华北、长江中下游及新疆北部、西北地区东部等地有 351 站发生极端日降水量事件，其中海南临高(501.8 mm)，河南辉县(439.9 mm)、新乡(414.0 mm)等 73 站的日降水量达到或超过历史极值(图 2.15)。季内，全国共发生 18 次区域性暴雨事件，其中北方型 8 次，南方型 10 次。全国共发生极端日降水量事件 389 站次，是常年值(195 站次)的 2 倍，为 1961 年来最多(图 2.16)。

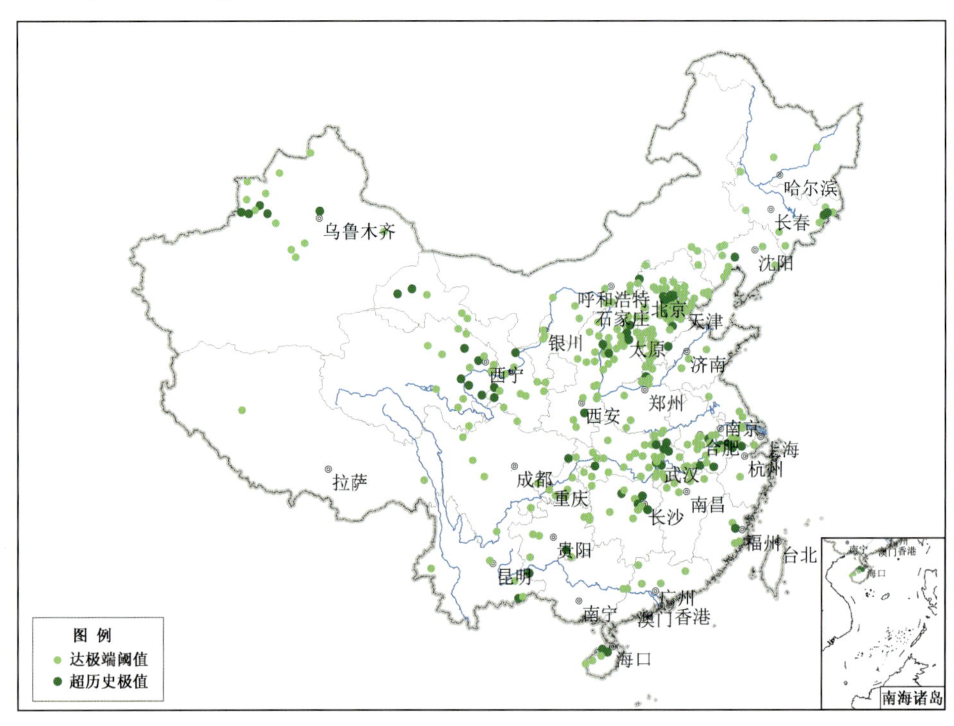

图 2.15　2016 年夏季全国发生极端日降水量事件的站点分布图

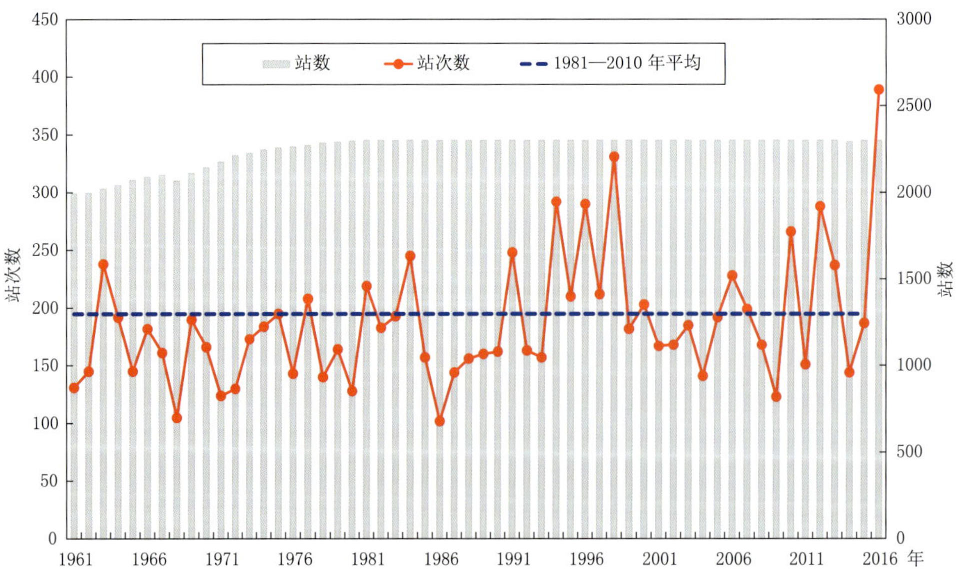

图 2.16　1961—2016 年夏季全国极端日降水量事件站次数的历年变化图

2.4 东亚夏季风环流系统

2.4.1 高低空环流系统

(1)海平面气压场

2016年夏季,在海平面气压距平场上,欧亚大陆中高纬度地区和北太平洋北部为正距平控制,而中国东南部地区以及西北太平洋大部为负距平控制(图2.17)。6月,欧亚大陆大部为正距平控制,西北太平洋也为弱的正距平控制,海陆气压差偏小(图2.18)。7月,欧亚大陆西北部地区出现负距平,中国东部及西北太平洋上仍为正距平,海陆气压差有所加强(图2.19)。8月,欧亚大陆西北部由7月的负距平转为异常强的正距平,而中国东部及西北太平洋转为负距平控制,海陆气压差偏小(图2.20)。

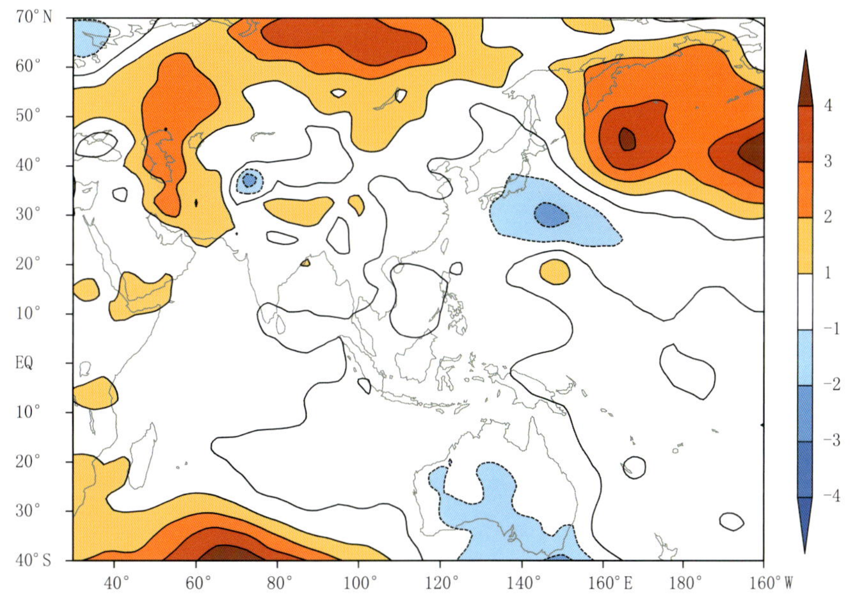

图2.17 2016年夏季海平面气压距平分布图(单位:hPa)

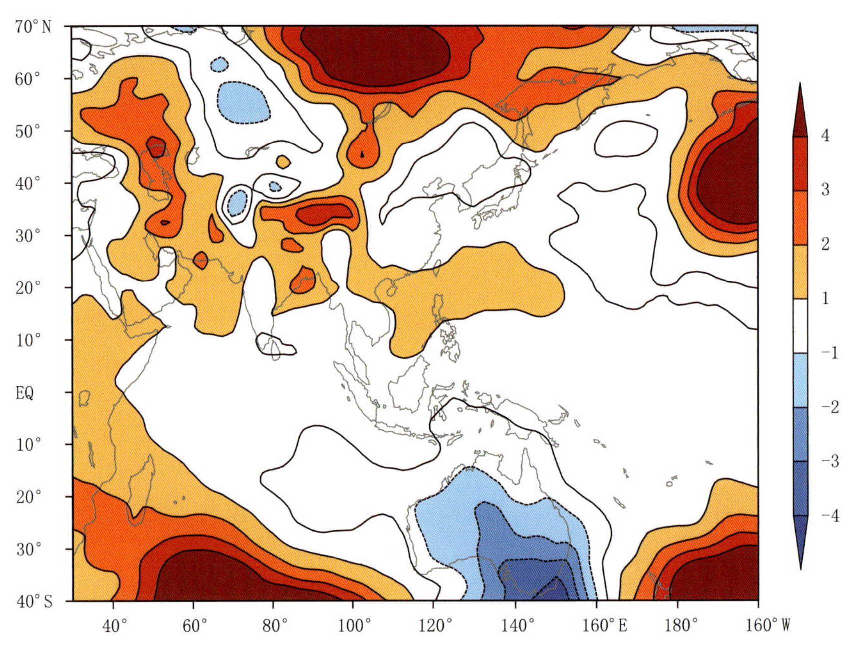

图 2.18　2016 年 6 月海平面气压距平分布图(单位:hPa)

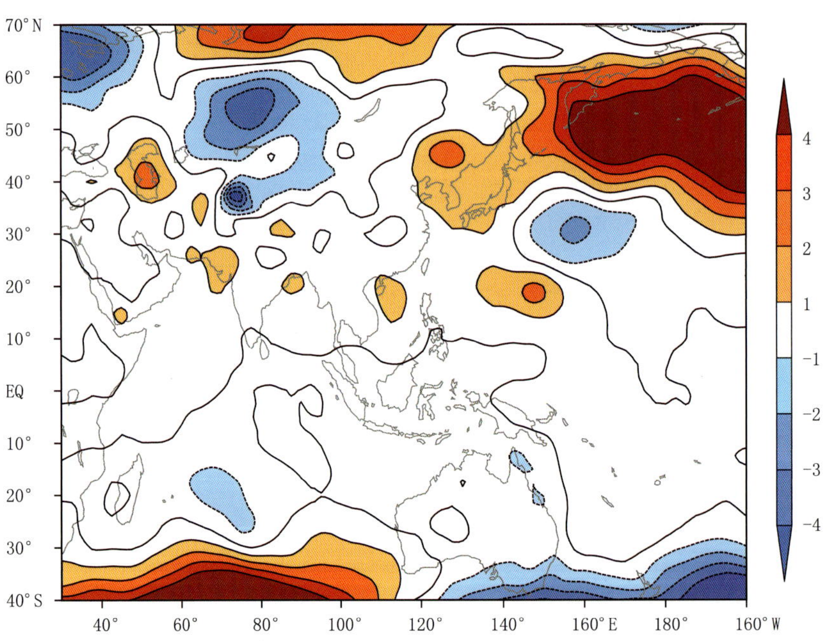

图 2.19　2016 年 7 月海平面气压距平分布图(单位:hPa)

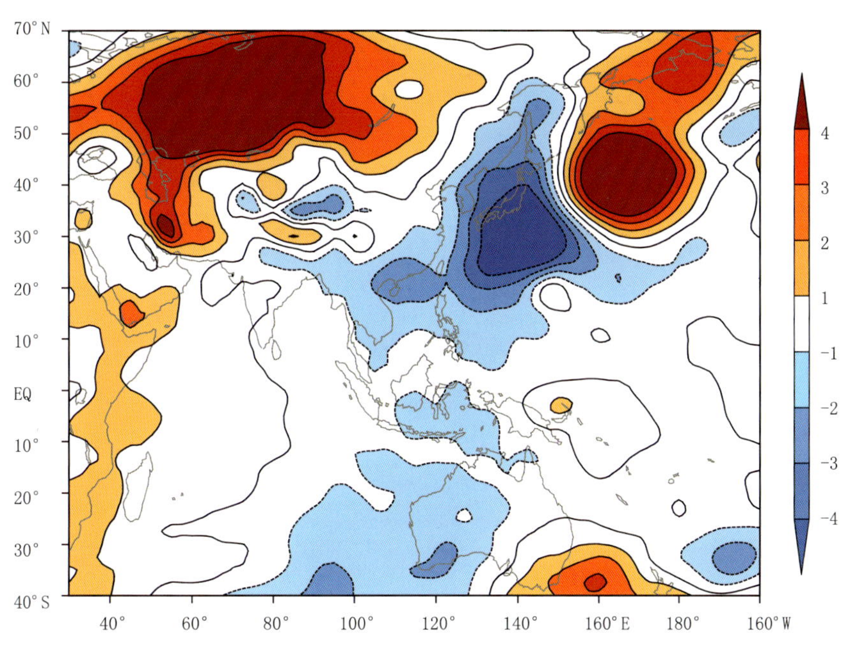

图 2.20 2016 年 8 月海平面气压距平分布图(单位:hPa)

(2)850 hPa 风场

2016 年夏季,东亚地区大部为弱的偏北风距平控制(图 2.21),表明东亚夏季风略偏弱,有利于中国长江及其以南地区多雨。6 月,西北太平洋—中国南海地区为异常反气旋性环流控制,中国北方大部为偏北风距平控制,低层风场在长江中下游辐合(图 2.22)。7 月,中国南海地区仍为异常反气旋性环流控制(图 2.23),但其强度和范围均明显小于 6 月的情况。8 月,西北太平洋—中国南海地区转为异常气旋性环流控制,东亚大部为偏北风距平控制(图 2.24)。

(3)水汽输送场

2016 年夏季,中国南海地区为异常反气旋性水汽输送,中国南方大部西南风水汽输送较强,尤其长江中下游地区为水汽异常辐合区,而东北地区都为水汽异常辐散区(图 2.25)。6 月,西北太平洋为异常反气旋性水汽输送环流,中国长江中下游至华北大部均为水汽异常辐合区(图 2.26)。7 月,中国南海至江南地区仍为异常反气旋性水汽输送环流控制,水汽异常辐合区主要位于长江中下游,而西南地区南部和东北地区为水汽异常辐散区(图 2.27)。8 月,中国江南及以北大部地区转为异常偏北风水汽输送和水汽异常辐散控制(图 2.28),从而造成江南以北的大部分地区降水明显偏少。

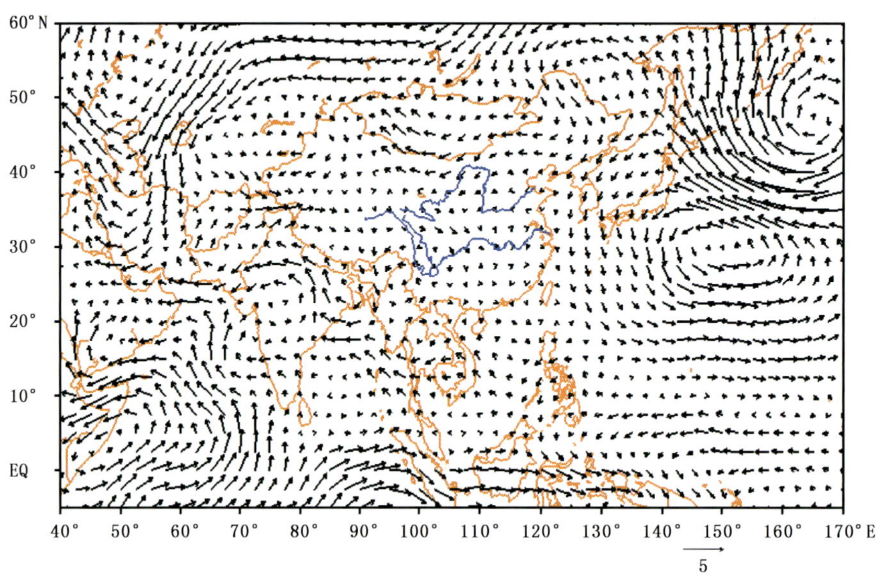

图 2.21 2016 年夏季 850 hPa 风场距平分布图(单位:m/s)

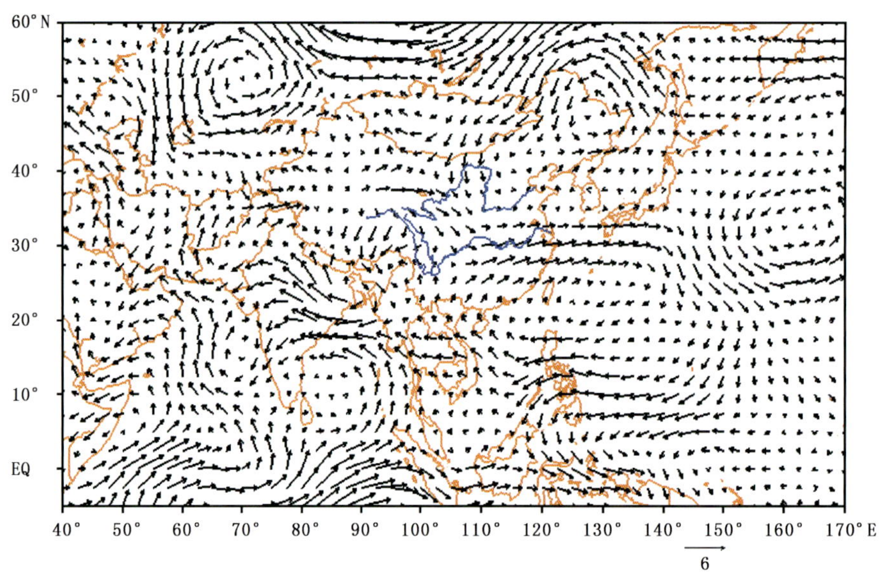

图 2.22 2016 年 6 月 850 hPa 风场距平分布图(单位:m/s)

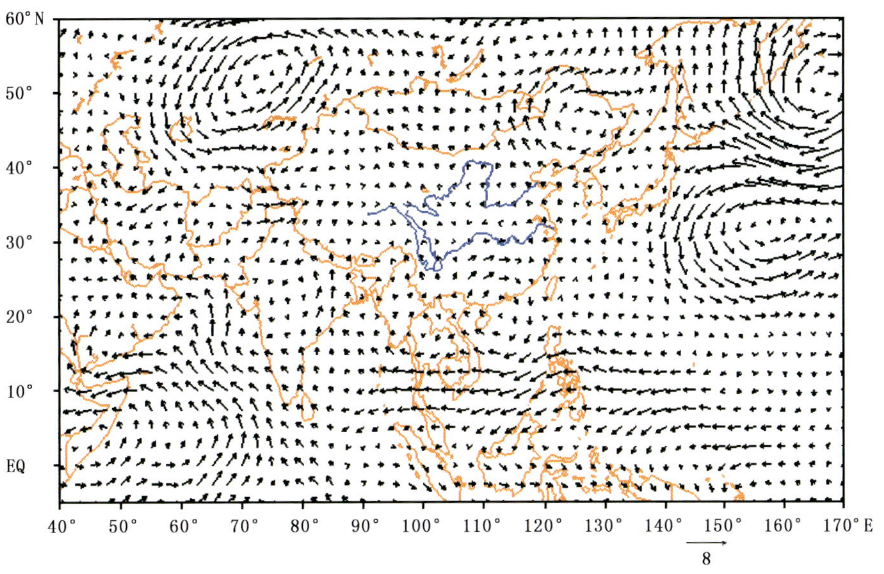

图 2.23　2016 年 7 月 850 hPa 风场距平分布图(单位:m/s)

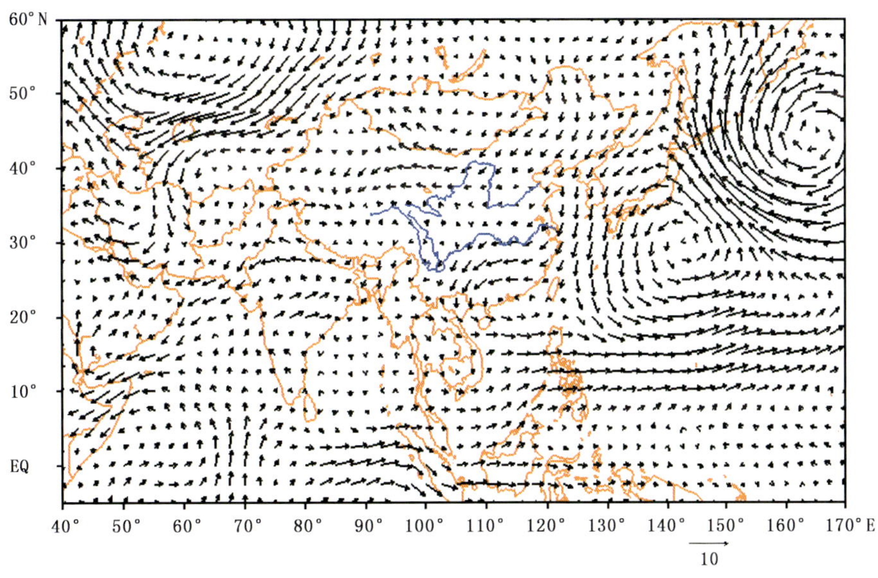

图 2.24　2016 年 8 月 850 hPa 风场距平分布图(单位:m/s)

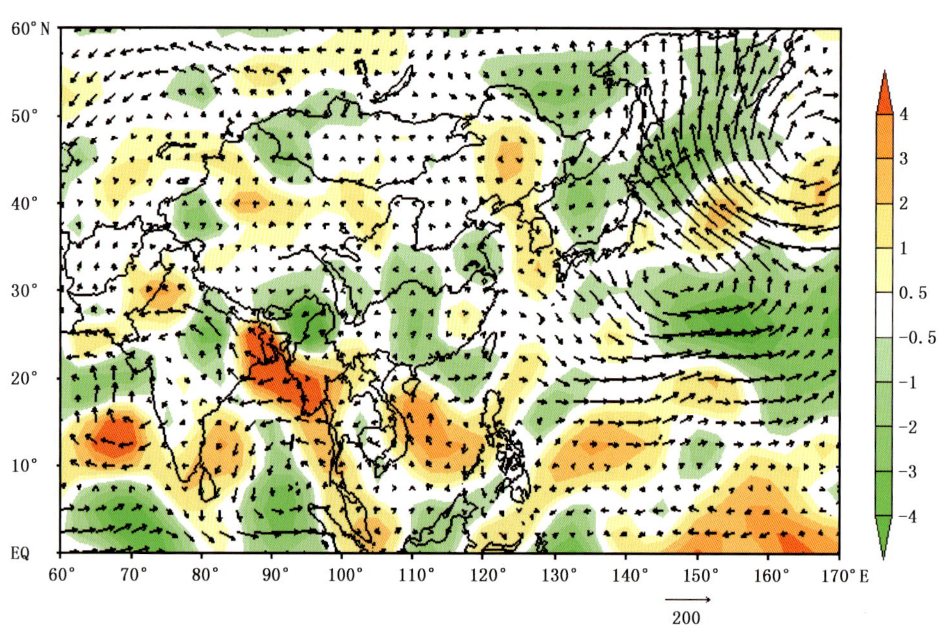

图 2.25　2016 年夏季对流层(1000～300 hPa)整层积分水汽输送(矢量;单位:kg/(s·m))和辐合辐散距平(彩色阴影;单位:10^{-5} kg/(s· m^2))分布图

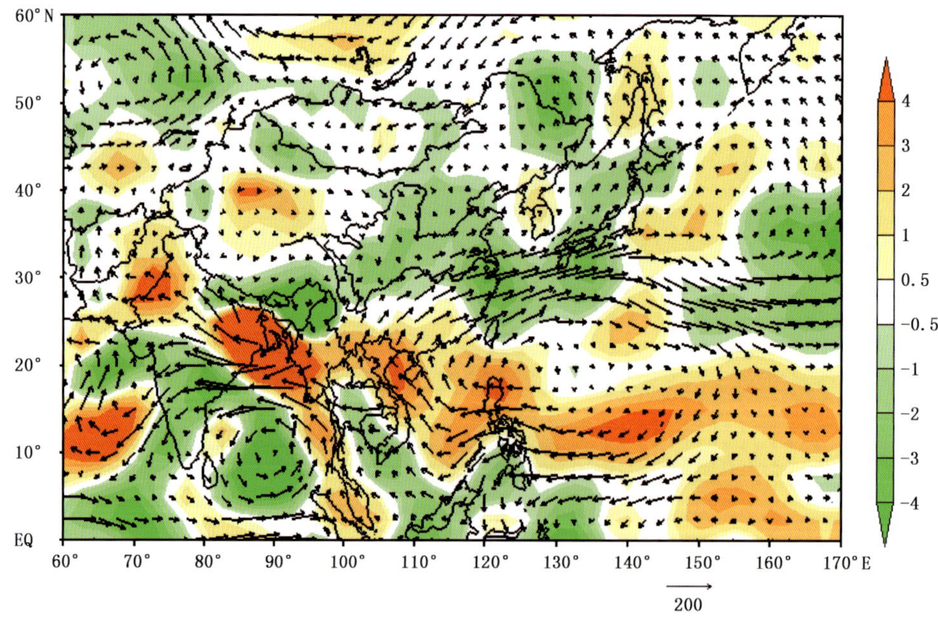

图 2.26　2016 年 6 月对流层(1000～300 hPa)整层积分水汽输送(矢量;单位:kg/(s·m))和辐合辐散距平(彩色阴影;单位 10^{-5} kg/(s· m^2))分布图

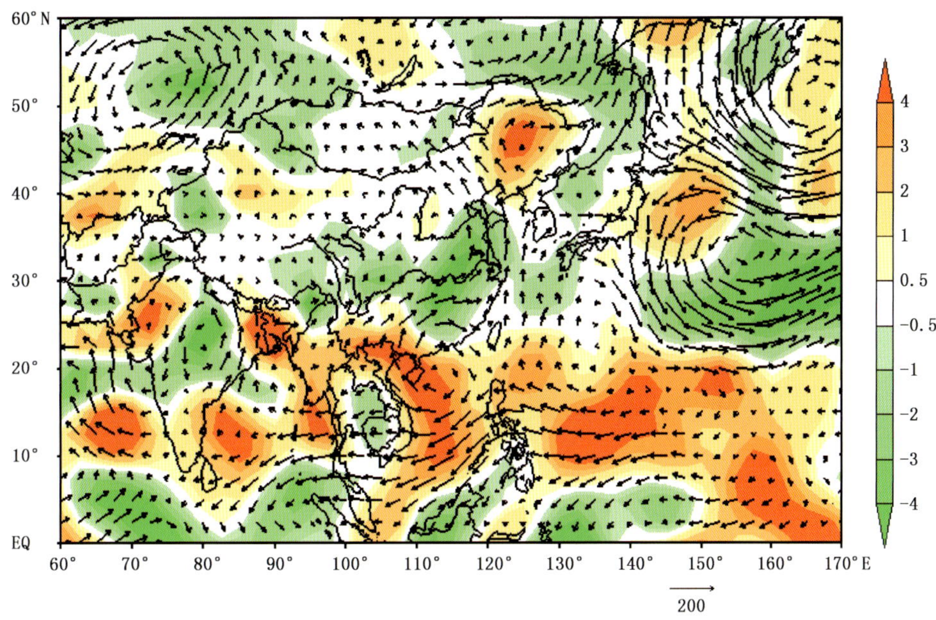

图 2.27 2016 年 7 月对流层(1000～300 hPa)整层积分水汽输送(矢量;单位:kg/(s·m))和辐合辐散距平(彩色阴影;单位:10^{-5} kg/(s· m^2))分布图

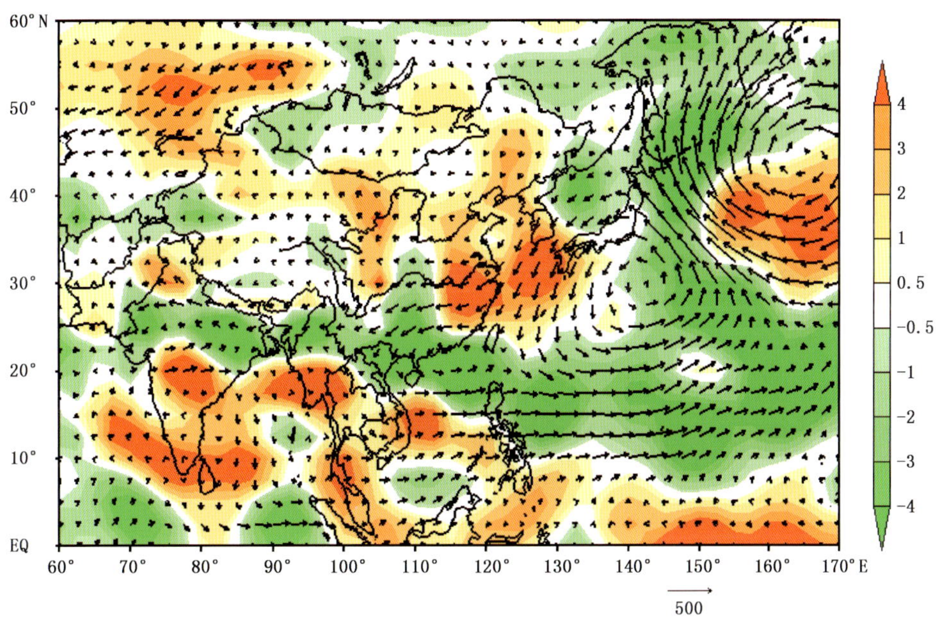

图 2.28 2016 年 8 月对流层(1000～300 hPa)整层积分水汽输送(矢量;单位:kg/(s·m))和辐合辐散距平(彩色阴影;单位:10^{-5} kg/(s· m^2))分布图

(4)500 hPa 高度场

2016 年夏季,500 hPa 位势高度及距平场显示,欧亚中高纬度大部地区主要受正高度距平控制,正距平中心位于贝加尔湖以西及鄂霍次克海附近。西太副高总体呈现强度偏强、西伸脊点偏西、脊线位置略偏南的特征(图 2.29)。6 月,欧亚大陆中高纬为“两槽一脊”型,贝加尔湖高压脊偏强,东北亚高度场偏低,从而有利于冷空气活动影响中国。西太副高强度偏强、西伸脊点偏西,脊线位置接近常年(图 2.30)。7 月,欧亚中高纬呈“西低东高”

型，乌拉尔山地区为高度场负距平控制，而贝加尔湖至鄂霍次克海高压脊明显偏强。西太副高强度偏强、西伸脊点偏西、脊线位置接近常年(图 2.31)。8 月，乌拉尔山高压脊发展加强，东亚大部为大陆高压控制，西北太平洋转为高度场负距平，西太副高发生断裂，西段与大陆高压结合，东段偏弱偏东(图 2.32)。

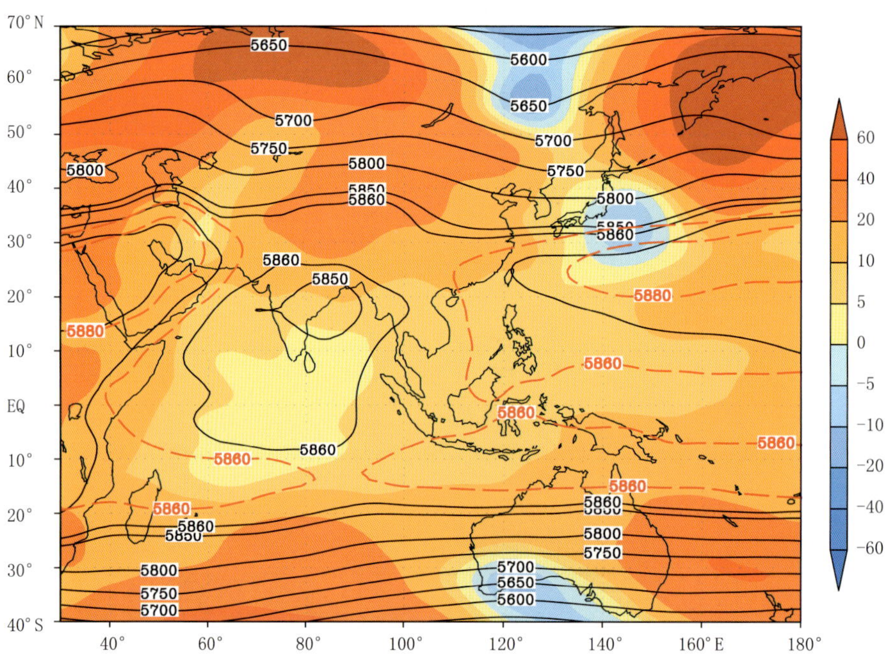

图 2.29　2016 年夏季 500 hPa 位势高度平均场(等值线)及距平(彩色阴影)分布图(单位:gpm)(红色虚线表示气候平均的 5860 gpm 和 5880 gpm 等值线，近似代表西太副高气候平均的位置)

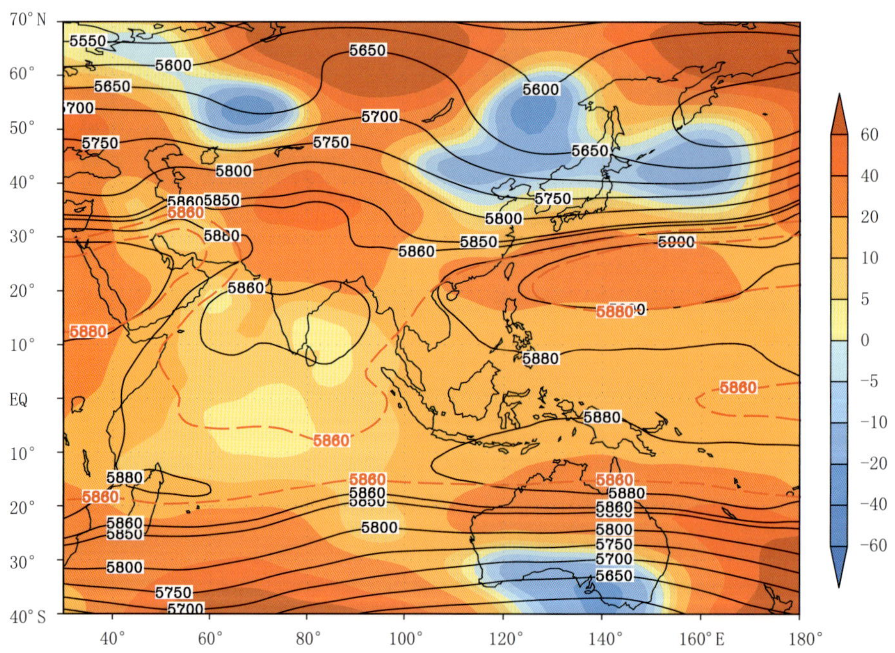

图 2.30　2016 年 6 月 500 hPa 位势高度平均场(等值线)及距平(彩色阴影)分布图(单位:gpm)(红色虚线表示气候平均的 5860 gpm 和 5880 gpm 等值线，近似代表西太副高气候平均的位置)

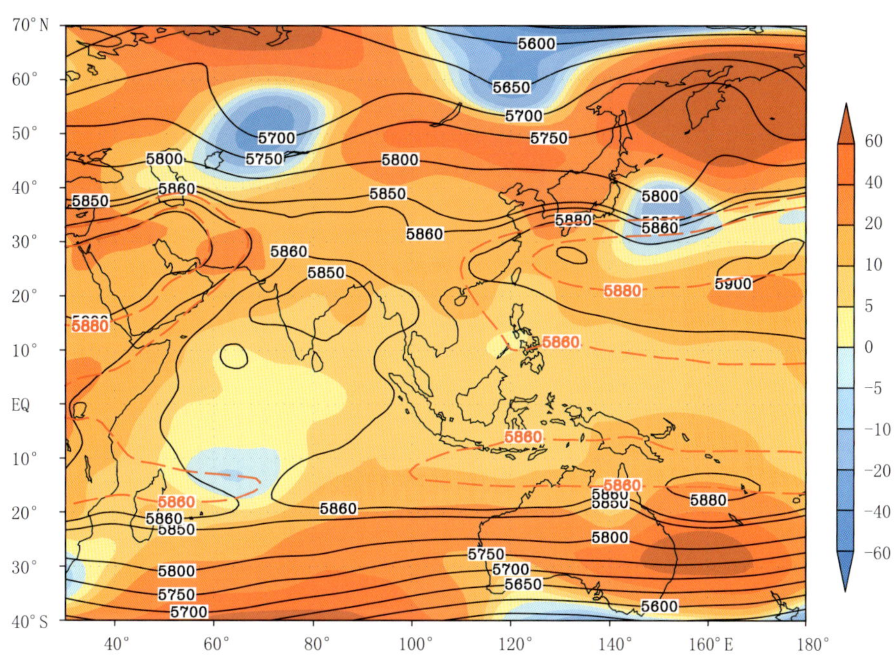

图 2.31 2016 年 7 月 500 hPa 位势高度平均场(等值线)及距平(彩色阴影)分布图(单位:gpm)
(红色虚线表示气候平均的 5860 gpm 和 5880 gpm 等值线,近似代表西太副高气候平均的位置)

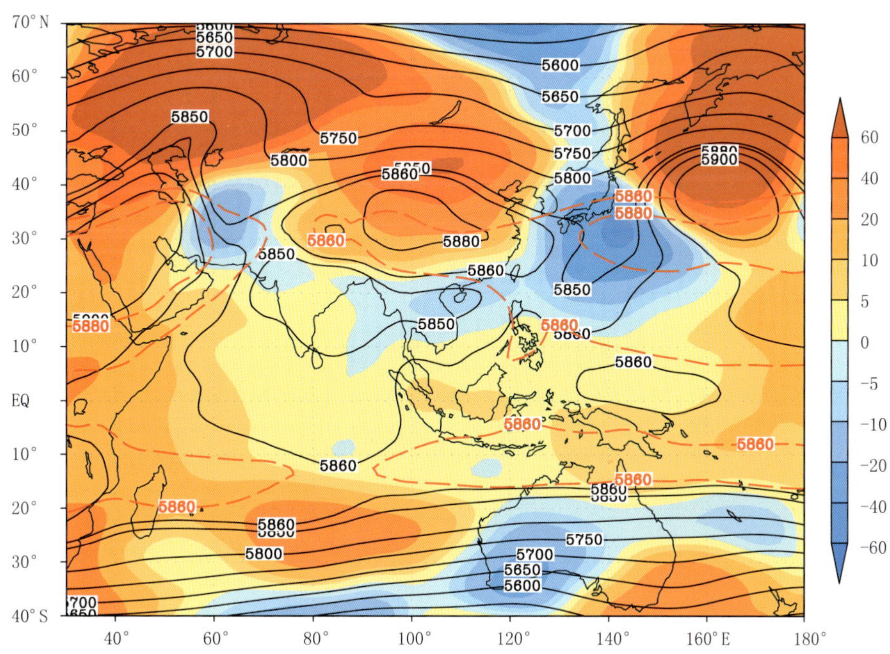

图 2.32 2016 年 8 月 500 hPa 位势高度平均场(等值线)及距平(彩色阴影)分布图(单位:gpm)
(红色虚线表示气候平均的 5860 gpm 和 5880 gpm 等值线,近似代表西太副高气候平均的位置)

2.4.2 东亚夏季风系统成员

(1)澳大利亚高压

2016 年夏季,澳大利亚高压指数为 1019.3,较常年(1020.4)偏弱 1.1(图 2.33)。

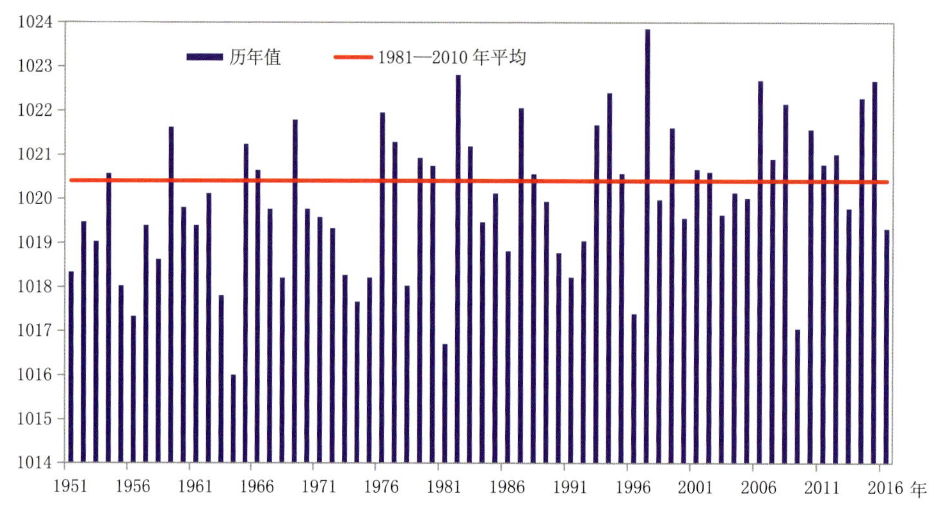

图 2.33　1951—2016 年夏季澳大利亚高压指数历年变化图

(2)马斯克林高压

2016 年夏季,马斯克林高压指数为 1024.7,较常年(1023.5)偏强 1.2(图 2.34)。

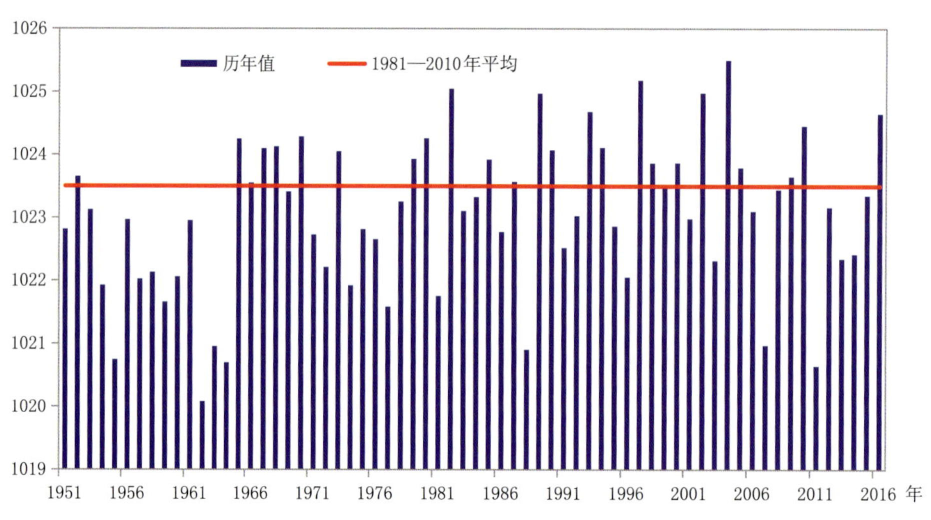

图 2.34　1951—2016 年夏季马斯克林高压指数历年变化图

(3)西太平洋副热带高压

2016 年夏季,西太副高面积指数为 3.48,较常年(1.84)偏大 1.64,强度指数为 66.8,较常年(32.1)偏强 34.7。脊线位于 23.5°N,较常年(25.4°N)偏南 1.9 个纬度,西伸脊点位于 121.5°E,较常年(132.9°E)偏西 11.4 个经度。总之,西太副高强度明显偏强、面积明显偏大、脊线位置偏南、西伸脊点明显偏西(图 2.35～图 2.38)。

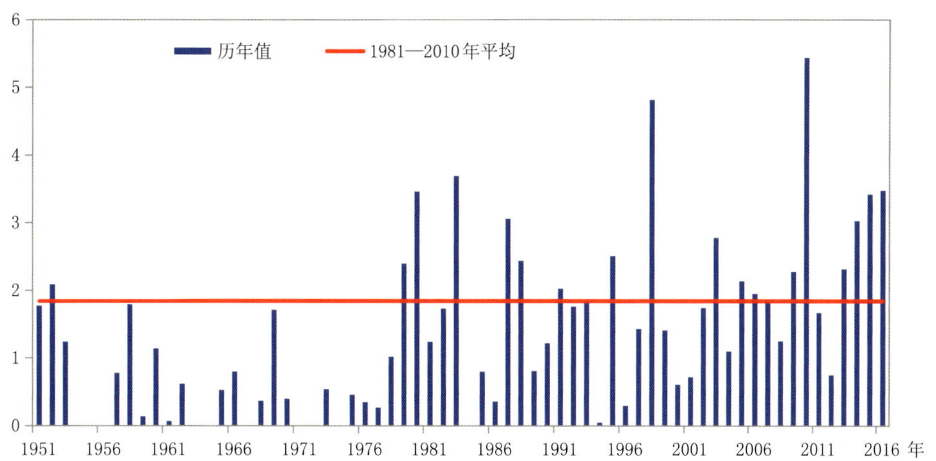

图 2.35 1951—2016 年夏季西太副高面积指数历年变化图

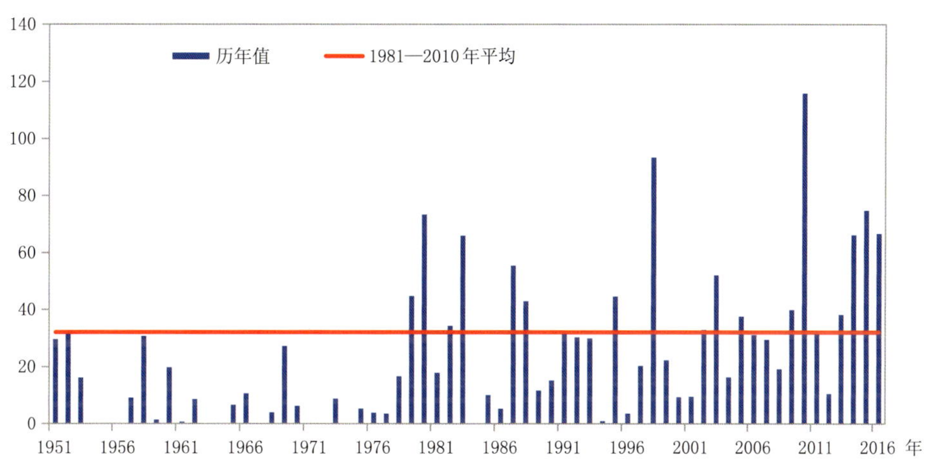

图 2.36 1951—2016 年夏季西太副高强度指数历年变化图

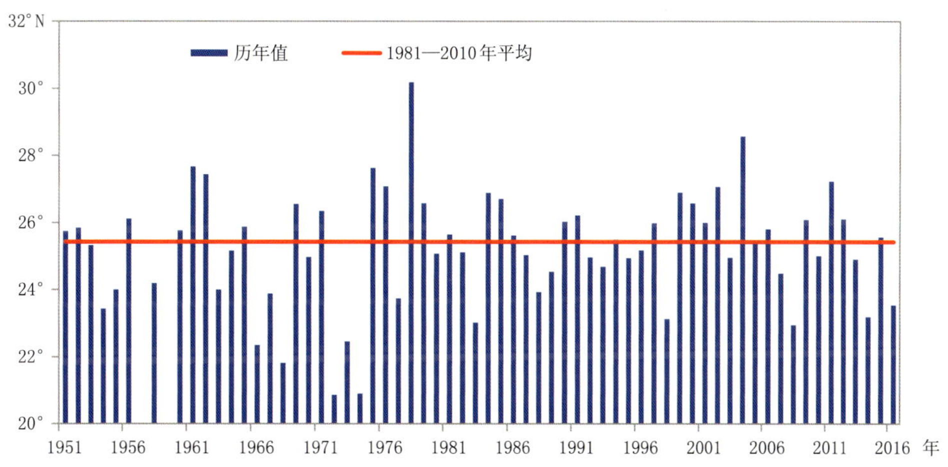

图 2.37 1951—2016 年夏季西太副高脊线位置历年变化图

（无数据年份表示当年夏季西太副高脊线位置监测区内没有副高体）

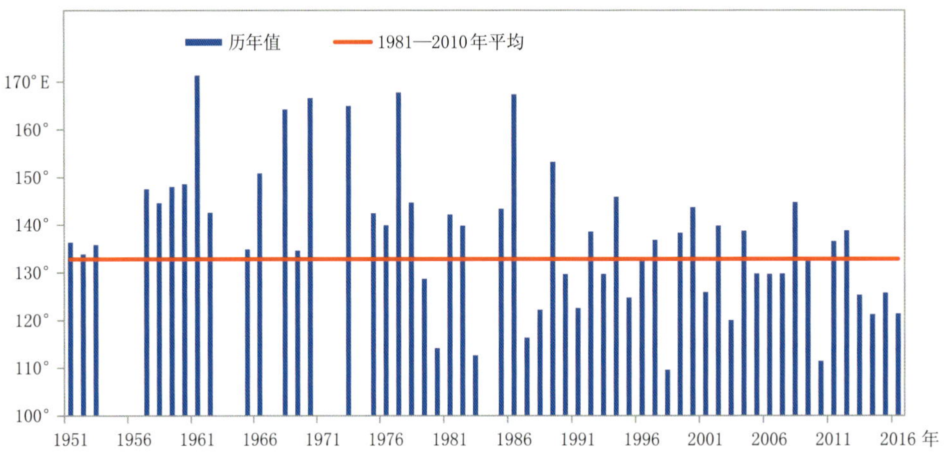

图 2.38　1951—2016 年夏季西太副高西伸脊点位置历年变化图
（无数据年份表示当年夏季西太副高西伸脊点监测区内没有副高体）

（4）热带辐合带（ITCZ）

热带辐合带是东亚夏季风系统的重要成员，南半球冷空气爆发导致气流越过赤道侵入北半球，汇入西南季风，与北半球副热带高压南侧的偏东气流相遇，形成广阔的热带辐合带。在气候意义下，盛夏该辐合带从中国南海的中北部向东延伸、穿过菲律宾，可到达 140°～150°E 附近（图 2.39）。

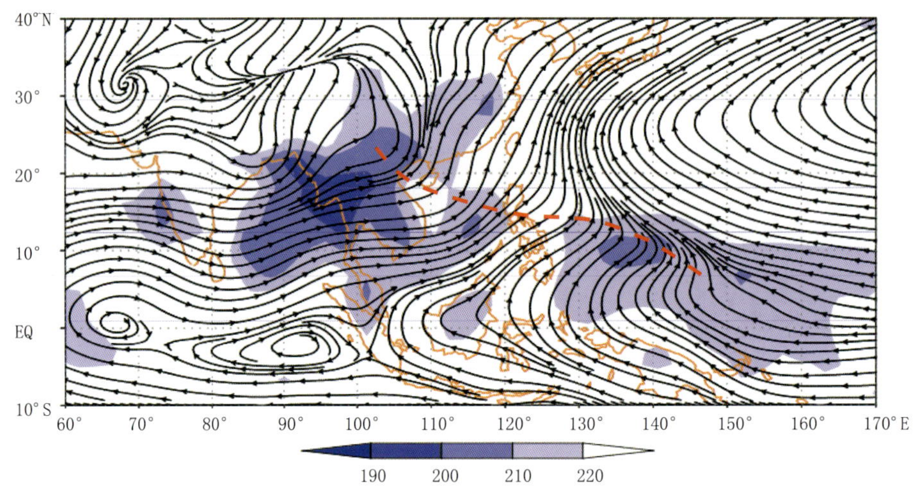

图 2.39　1981—2010 年夏季气候平均 850 hPa 平均风场（流线，单位：m/s）及 OLR（彩色阴影，单位：W/m^2）分布图（粗虚线为辐合带所在位置）

2016 年夏季，热带辐合带主要局限在 120°～140°E 范围，热带辐合带内对流活动较常年略偏弱（图 2.40）。从西北太平洋地区热带辐合带对流异常强度指数来看，2016 年为 5.5W/m^2，表明热带辐合带强度偏小，辐合带内对流活动较弱（图 2.41）。

（5）越赤道气流

1）索马里越赤道气流

2016 年夏季，索马里越赤道气流强度指数为 9.52，较常年（9.32）偏大 0.20（图 2.42）。

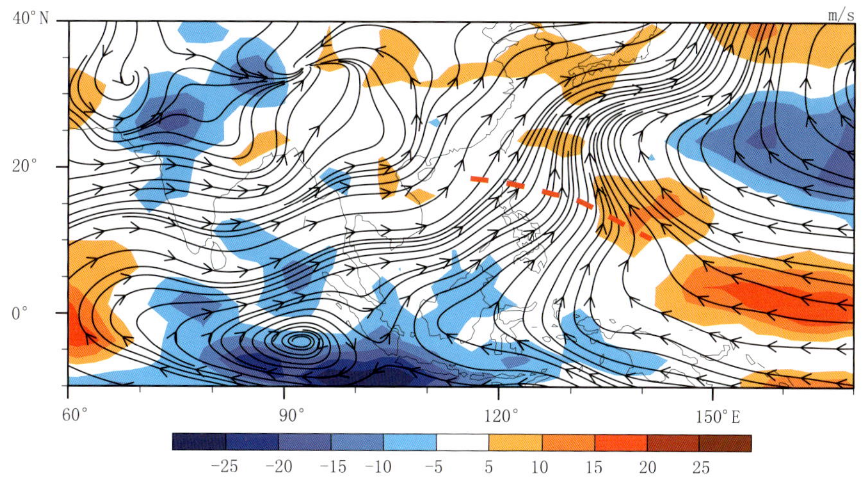

图 2.40　2016 年夏季 850 hPa 平均风场(流线,单位:m/s)及
OLR 距平(彩色阴影,单位:W/m²)分布图(粗虚线表示热带辐合带所在位置)

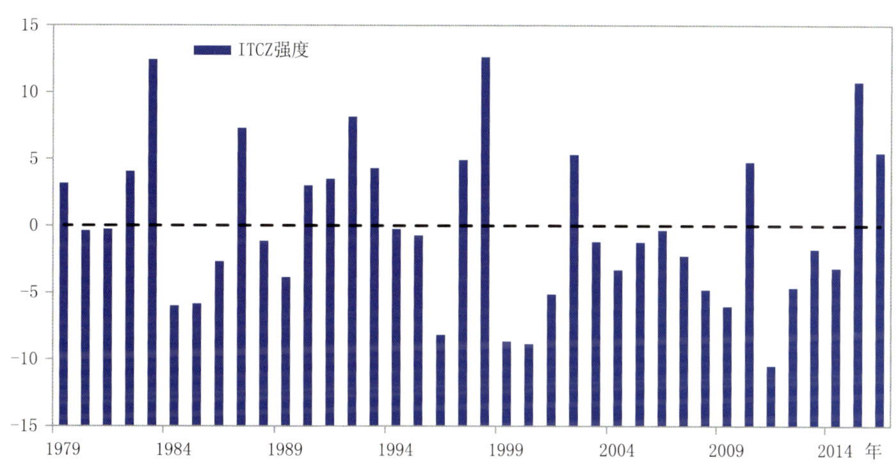

图 2.41　1979—2016 年夏季西北太平洋 ITCZ 异常强度指数历年变化图
(指数小于气候值表示强度偏强)

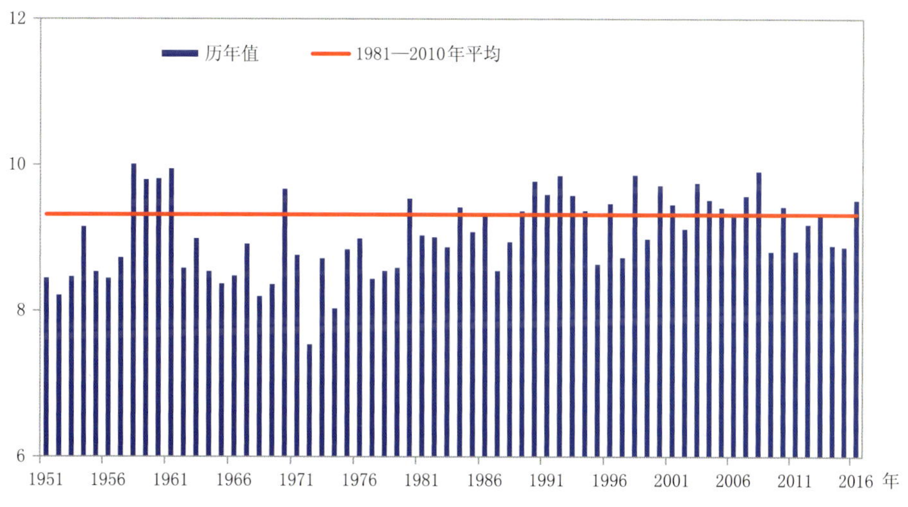

图 2.42　1951—2016 年夏季索马里越赤道气流强度指数历年变化图

2)孟加拉湾越赤道气流

2016 年夏季，孟加拉湾越赤道气流强度指数为 2.0，较常年(1.1)偏大 0.9(图 2.43)。

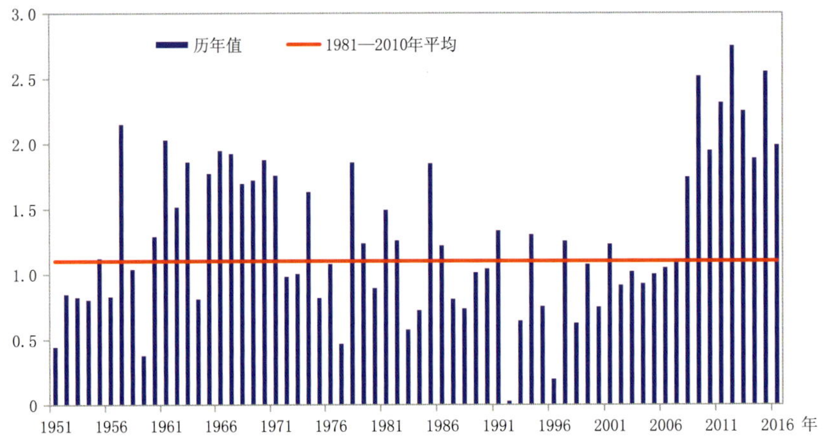

图 2.43　1951—2016 年夏季孟加拉湾越赤道气流强度指数历年变化图

3)南海越赤道气流

2016 年夏季，南海越赤道气流强度指数为 1.2，较常年(1.6)偏小 0.4(图 2.44)。

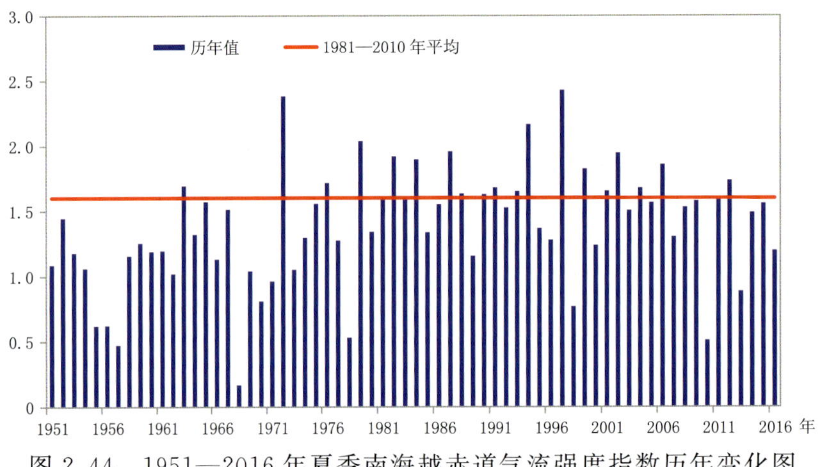

图 2.44　1951—2016 年夏季南海越赤道气流强度指数历年变化图

4)菲律宾越赤道气流

2016 年夏季，菲律宾越赤道气流强度指数为 1.9，较常年(2.3)偏小 0.4(图 2.45)。

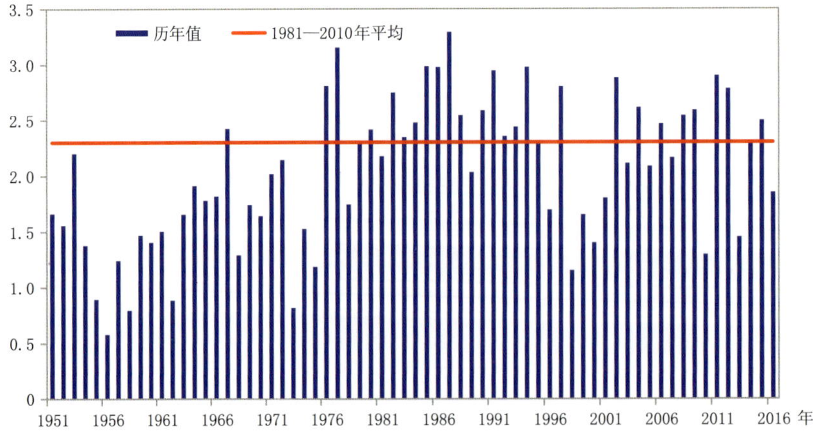

图 2.45　1951—2016 年夏季菲律宾越赤道气流强度指数历年变化图

(6)南亚高压

2016 年夏季,南亚高压强度偏强,中心位置偏北、偏东(图 2.46),南亚高压强度指数为 87.5,较常年(83.8)偏大 3.7(图 2.47)。

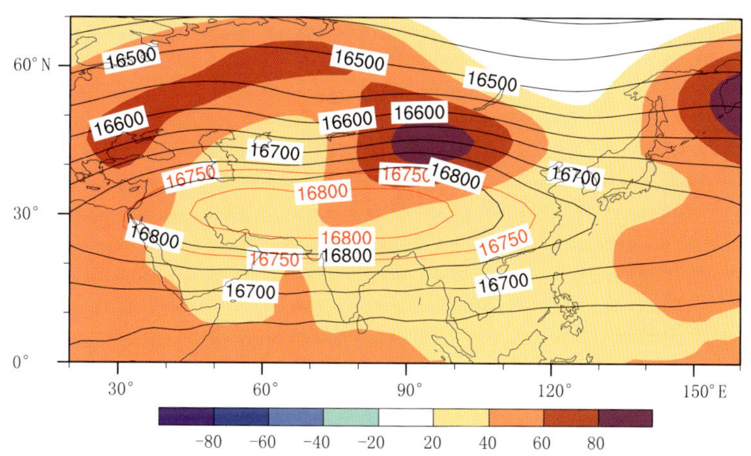

图 2.46 2016 年夏季 100 hPa 高度场(等值线)和距平(彩色阴影)分布图(单位:gpm)
(红色等值线表示气候平均的 16800 gpm 和 16750 gpm 等值线,近似代表南亚高压气候平均位置)

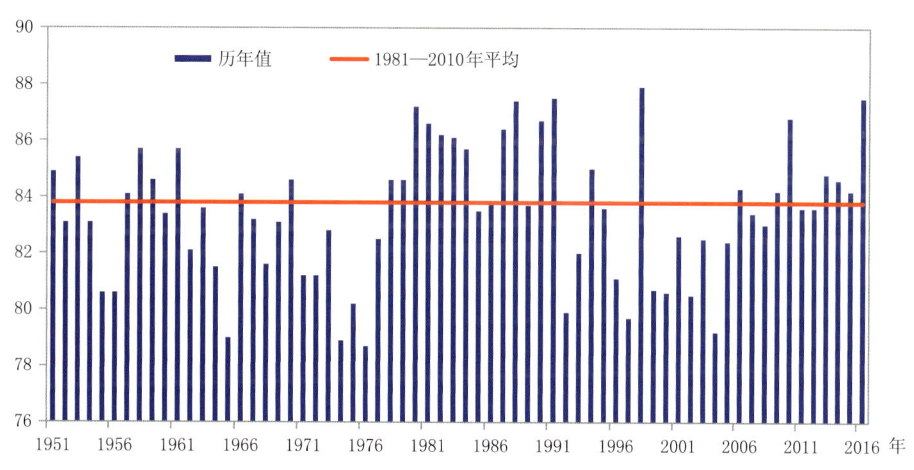

图 2.47 1951—2016 年夏季南亚高压强度指数历年变化图

(7)东亚副热带西风急流

2016 年夏季,东亚副热带西风急流强度指数为 4.4,较常年(57.8)偏小 53.4,急流强度异常偏弱(图 2.48);急流中心位于 43.1°N,较常年(40.5°N)偏北 2.6 个纬度(图 2.49)。

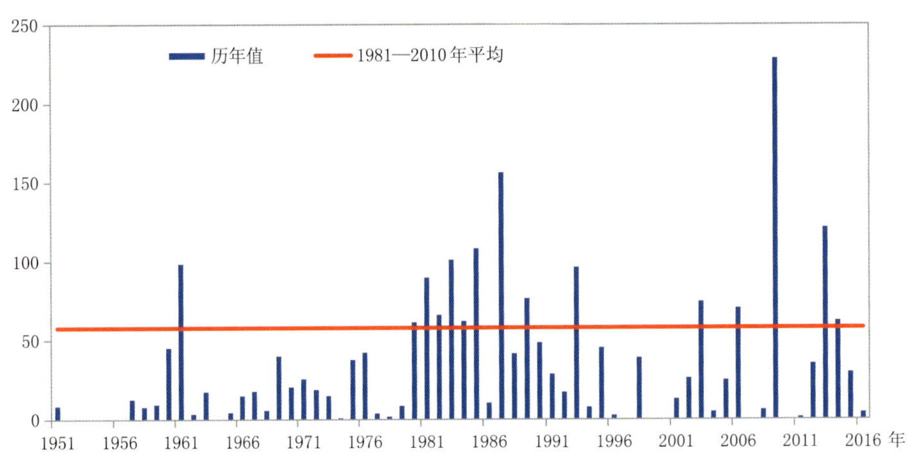

图 2.48　1951—2016 年夏季东亚副热带西风急流强度指数历年变化图

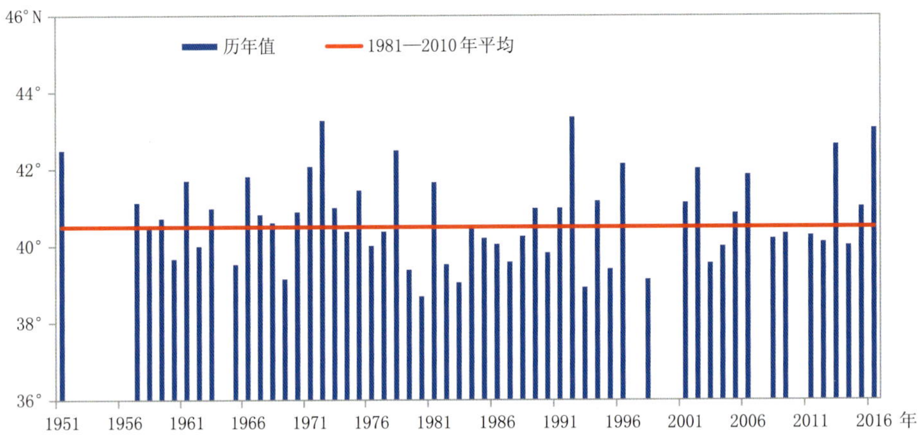

图 2.49　1951—2016 年夏季东亚副热带西风急流中心纬向位置历年变化图

2.5　东亚热带夏季风

2.5.1　热带季风推进过程

2016 年，亚洲热带季风开始时间总体偏晚，首先于 5 月第 2 候在赤道印度洋地区建立，之后孟加拉湾季风于 5 月第 4 候爆发，较常年（5 月第 2 候）偏晚 2 候，热带季风然后分西北和东北两个主要方向推进。热带夏季风于 5 月第 5 候向东北方向推进到中国南海中部，标志着南海夏季风爆发，与常年（5 月第 5 候）基本一致。热带夏季风西北向推进的前沿于 6 月第 3 候（6 月 14—16 日）抵达印度半岛南部，较常年（6 月 5 日）偏晚，但于 6 月第 5 候左右（6 月 21 日）在整个印度半岛建立，较常年（7 月 15 日）明显偏早（图 2.50）。

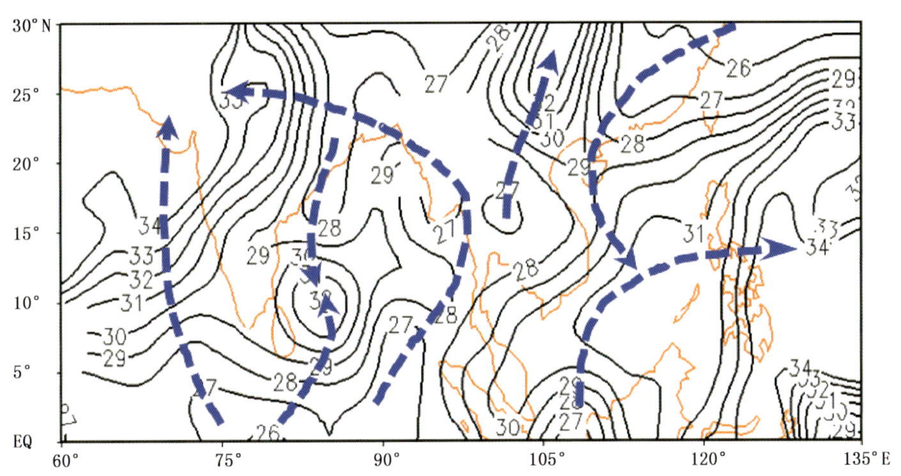

图 2.50　2016 年亚洲热带夏季风前沿推进示意图
（图中数字表示候值，蓝色箭头代表季风推进的方向）

一般判别季风爆发条件需要考虑三个主要因素：候平均纬向风盛行西风；候平均大气射出长波辐射值（OLR）低于 230 W/m^2；地面假相当位温超过 340 K。2016 年，亚洲夏季风的推进过程与常年平均状况相比表现出诸多异常特征。东亚和南亚夏季风的推进活动中除了由南向北的主分量外，均出现由北向南的对流活动，在亚洲夏季风爆发阶段有来自北方的冷空气活动。因此，南海夏季风受南海南部和北部对流活动的共同影响，虽然爆发时间基本正常，但推进过程和活动路径与常年相比存在显著差异。我国南方 5 月第 2 候开始对流由东北向西南转偏南方向拓展；而印度东北部于 5 月第 4 候开始出现向南移动的对流活动带（图 2.50）。

2.5.2　南海夏季风爆发

2016 年 5 月第 5 候以来，索马里越赤道气流和赤道印度洋西风明显增强，从索马里经赤道印度洋、孟加拉湾、中南半岛至中国南海北部地区的西南暖湿水汽通道已完全建立。与此同时，南海地区对流活动也开始明显活跃（图略）。从监测指标来看，自 5 月第 5 候起南海季风监测地区（10°～20°N，110°～120°E）连续 2 候以上 850 hPa 上空维持西风，且平均假相当位温超过 340 K（图 2.51）。因此，2016 年南海夏季风于 5 月第 5 候爆发，爆发时间与常年时间（5 月第 5 候）一致（图 2.52）。

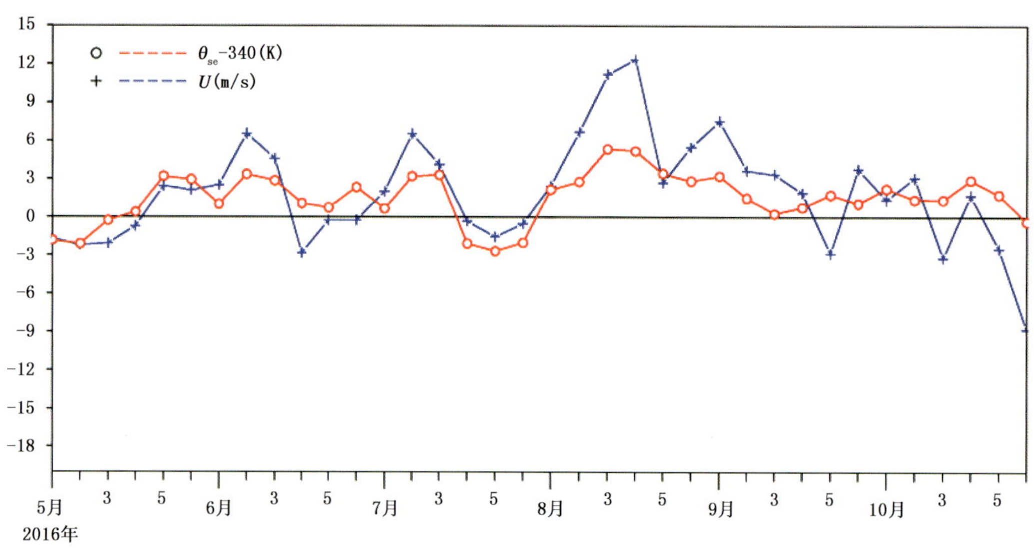

图 2.51　2016 年南海夏季风监测区(10°～20°N,110°～120°E)平均纬向风(单位:m/s)和假相当位温(单位:K)逐候演变图

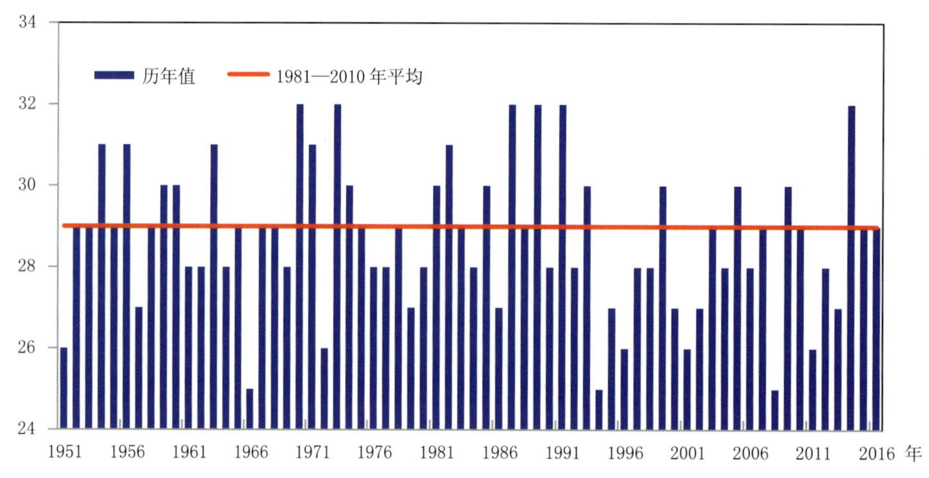

图 2.52　1951—2016 年南海夏季风爆发时间历年变化图(单位:候)

2.5.3　南海夏季风结束

2016 年 10 月第 6 候,表征南海夏季风的两个重要监测指标开始稳定地下降到临界值以下,即监测区(10°～20°N,110°～120°E)内假相当位温降到临界值(340 K)之下,纬向风已由西风转为东风(图 2.51)。从环流场上来看,对流层低层(850 hPa),经索马里转向的西南季风气流明显减弱撤出南海地区,东北气流开始稳定地占据南海上空。与此同时,西太副高出现明显南撤。对流层高层(200 hPa),南亚高压逐渐向东、向南移到西北太平洋上空(图略)。

综合分析以上大气环流形势可以发现,2016 年南海夏季风于 10 月第 6 候结束,较常年(9 月第 6 候)偏晚 6 候,为 1951 年以来最晚年(图 2.53)。

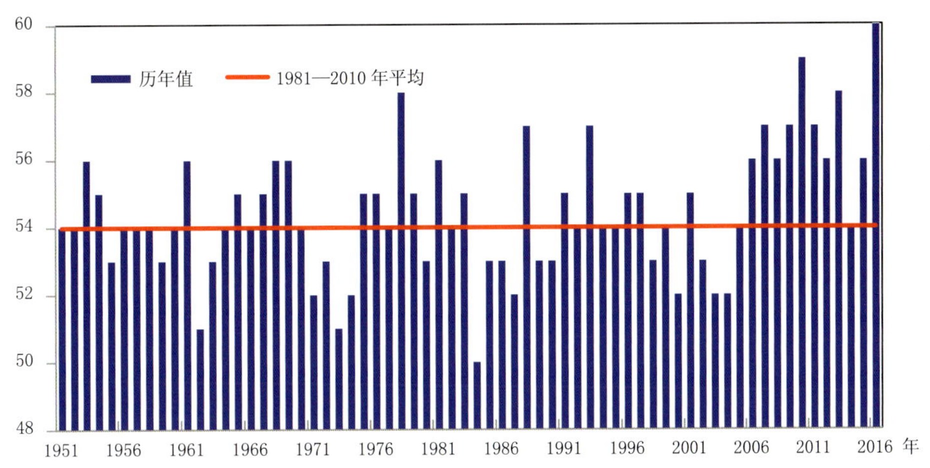

图 2.53 1951—2016 年南海夏季风结束时间历年变化图(单位:候)

2.5.4 南海夏季风强度

2016 年,南海夏季风强度指数为－0.353,较常年略偏弱(图 2.54)。

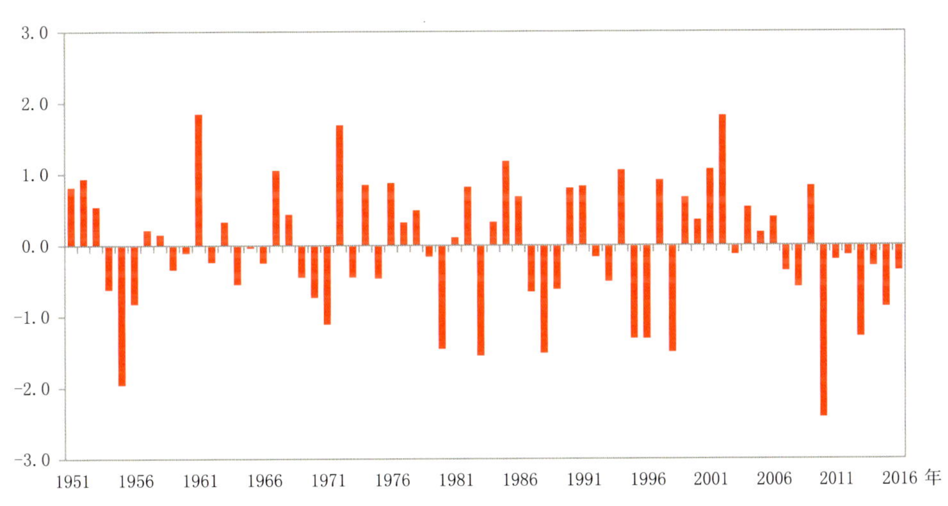

图 2.54 1951—2016 年南海夏季风强度指数历年变化图

2.6 东亚副热带夏季风

2.6.1 东亚副热带夏季风推进过程

2016 年,东亚副热带夏季风季内阶段性特征明显。5 月第 5 候,南海夏季风爆发,随着西南季风的北推和副高北跳,东亚副热带夏季风迅速推进至中国长江中下游地区。6 月第

5 候，东亚夏季风向北推进，夏季风涌向北扩张至江淮地区。7 月第 5 候至 8 月第 5 候，副高断裂，副高西段北抬与大陆高压结合，期间多个台风在西北太平洋和南海地区活动，移动以西行路径为主。受此影响，340 K 等假相当位温线北抬至中国华北地区，并阶段性抵达东北地区。8 月第 6 候以后，随着副高的南落，东亚夏季风南撤至江南地区，至 10 月第 6 候，随着北方冷空气南下影响中国华南沿海和南海地区，南海地区的热力性质出现明显改变，东亚夏季风撤离南海地区(图 2.55)。

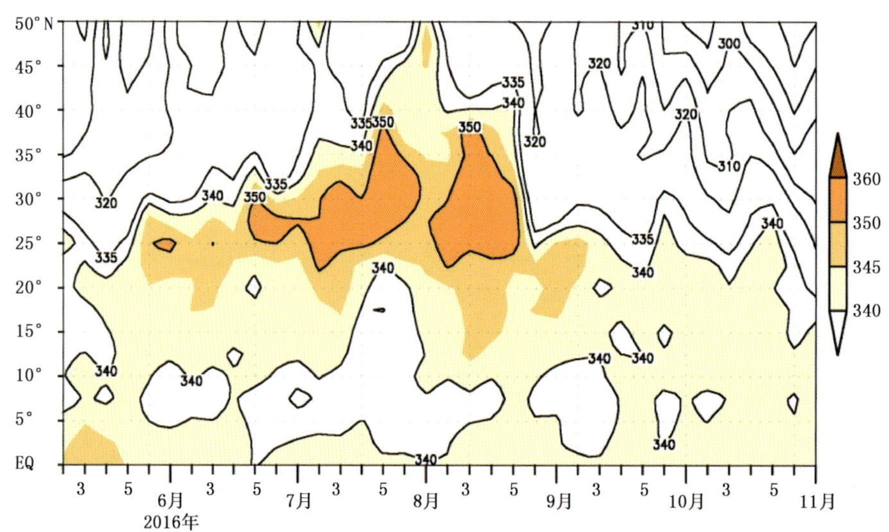

图 2.55　2016 年 6 月第 2 候至 11 月第 1 候 110°～120°E 候平均假相当位温纬度—时间剖面图(单位:K)

2.6.2　东亚副热带夏季风强度

2016 年，东亚副热带夏季风平均强度指数为 0.33，接近常年略偏强(图 2.56)。但是，夏季风强度季内变化显著，6—7 月季风较常年明显偏弱，而 8 月受西北太平洋台风活动影响，夏季风转为异常偏强(图略)。

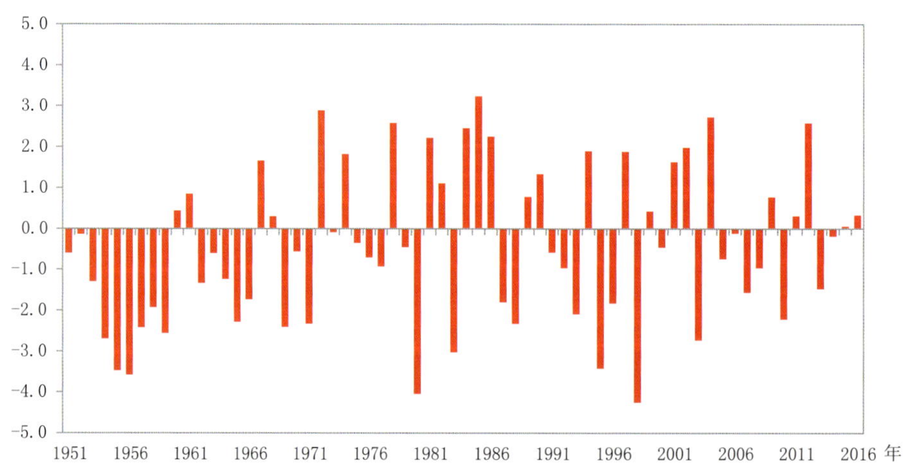

图 2.56　1951—2016 年东亚副热带夏季风强度指数的历年变化图

2.7 季节内振荡

2016 年夏季，东亚地区 30～60 天季节内振荡(ISO)经向传播变化特征明显(图 2.57)。5 月下旬到 6 月上旬，随着 ISO 在南海地区出现并向北传播，南海夏季风爆发，随后，江南梅雨开始。6 月下旬，又一个 ISO 发展位相传播至长江及其以北地区，使得长江中下游和江淮地区相继入梅。ISO 正位相在 7 月上中旬控制梅雨区，使得 2016 年梅雨雨量较常年偏多。7 月下旬开始，35°N 以北地区为 ISO 活动进入衰减位相，8 月上旬华北地区都为 ISO 负位相控制，不利于华北降水的持续，使得华北雨季结束较常年偏早。

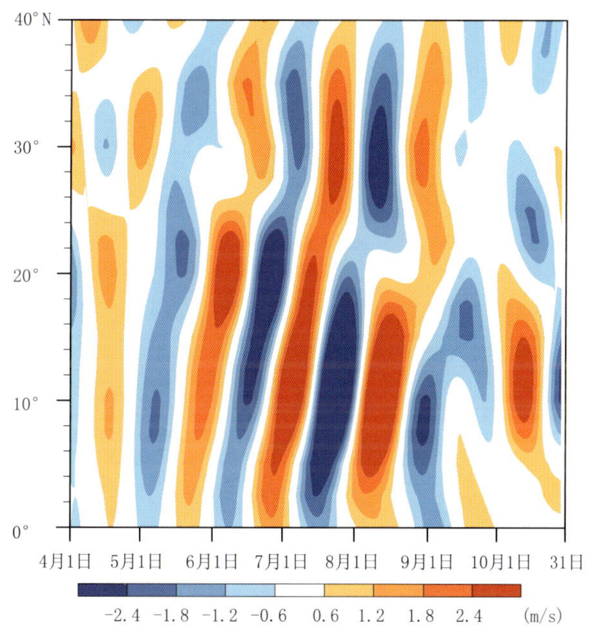

图 2.57 2016 年 110°～120°E 范围平均的 30～60 天滤波 850 hPa 纬向风时间—纬度演变图

第 3 章　中国雨季

2016 年夏季，中国主要雨季进程中，华南前汛期 3 月 21 日开始，6 月 19 日结束，均较常年偏早；前汛期总降水量较常年偏多 4.3%。西南雨季 5 月 21 日开始，10 月 10 日结束，均较常年偏早，雨季总降水量比常年偏少 1.8%。江南梅雨 5 月 25 日入梅，较常年偏早 14 天，7 月 19 日出梅，较常年偏晚 11 天，梅雨量较常年偏多 44.0%；长江中下游梅雨 6 月 19 日入梅，7 月 21 日出梅，分别较常年偏晚 5 天与 7 天，梅雨量较常年偏多 108.0%；江淮梅雨 6 月 20 日入梅，较常年偏早 1 天，7 月 16 日出梅，较常年偏晚 1 天，梅雨量较常年偏多 59.1%。华北雨季于 7 月 19 日开始，较常年偏晚 1 天，8 月 8 日结束，较常年偏早 10 天，雨季总降水量比常年偏多 16.7%。华西秋雨季 9 月 5 日开始，较常年偏晚 5 天，10 月 31 日结束，比常年偏早 1 天。秋雨量较常年偏少 23.1%。

3.1　华南前汛期

2016 年华南前汛期于 3 月 21 日开始，较常年（4 月 6 日）偏早 16 天；结束于 6 月 19 日，较常年（7 月 6 日）偏早 17 天。2016 年华南前汛期总降雨量 763.3 mm，比常年（731.9 mm）偏多 4.3%（图 3.1）。

2016 年华南前汛期间，亚洲中高纬维持大范围的正高度距平，以纬向环流为主，盛行平直西风，整体不利于冷空气南下影响我国（图 3.2）。但华南位于弱槽前西北气流控制之下，冷空气相对活跃。在副热带地区，受 2015/2016 年超强厄尔尼诺事件持续发展的影响，赤道西太平洋地区对流抑制，盛行下沉气流，菲律宾反气旋发展，使得西太副高明显偏强，有利于暖湿气流向北输送。

2016 年华南前汛期间，水汽输送条件整体偏好。一方面，由于西太副高强度偏强，其西侧的西南暖湿水汽输送明显偏强；另一方面，孟加拉湾至海洋性大陆也为正高度距平控制，维持一反气旋性异常水汽输送带，孟加拉湾的暖湿气流向我国华南地区的输送也十分强盛。大量暖湿气流流入华南地区，与其上空的西北气流交汇形成降水偏多的态势，但由于冷空气强度偏弱，降水偏多程度小（图 3.3）。

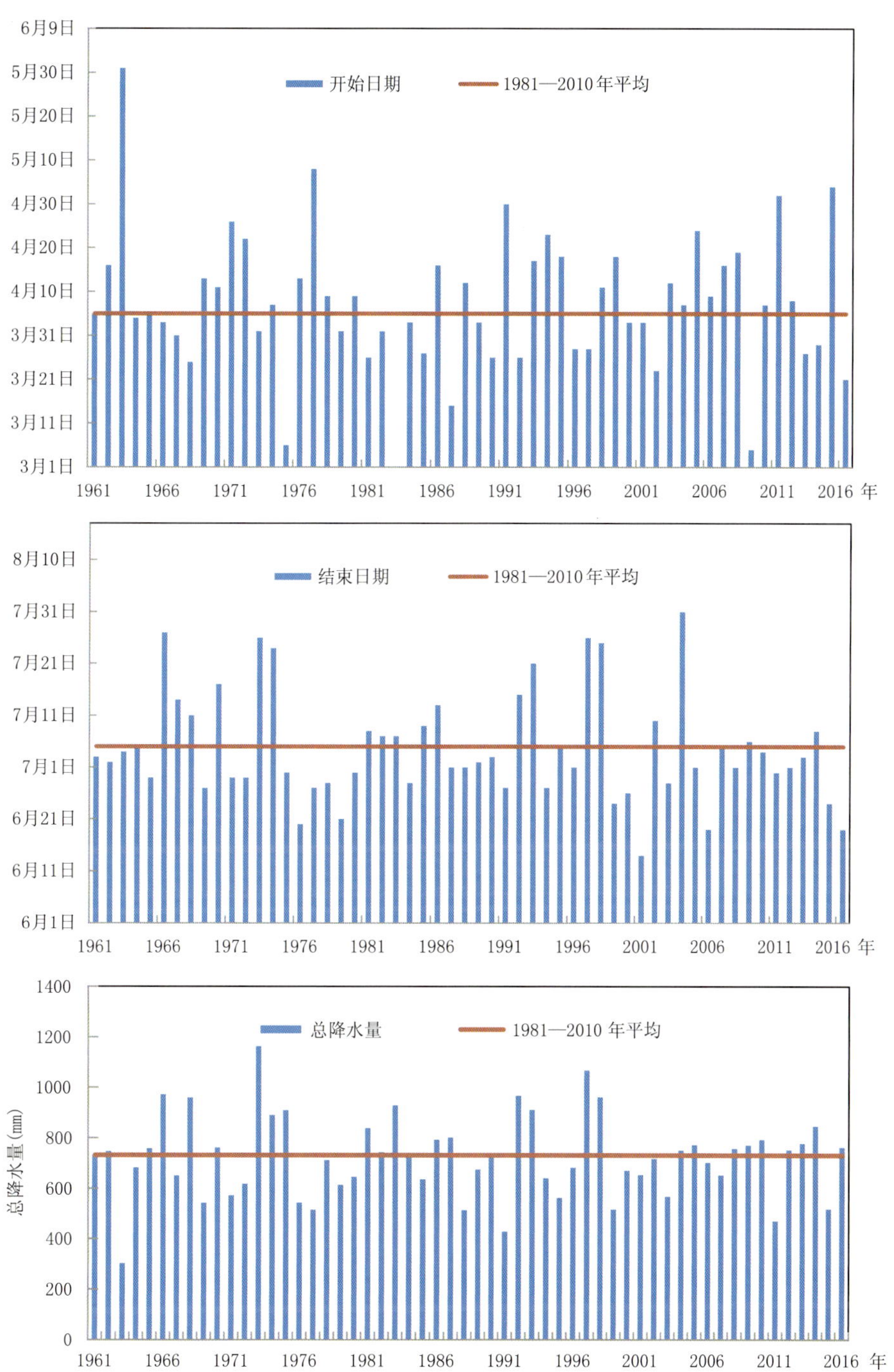

图 3.1 1961 2016 年华南前汛期开始时间(上)、结束时间(中)及前汛期雨量(下)历年变化图

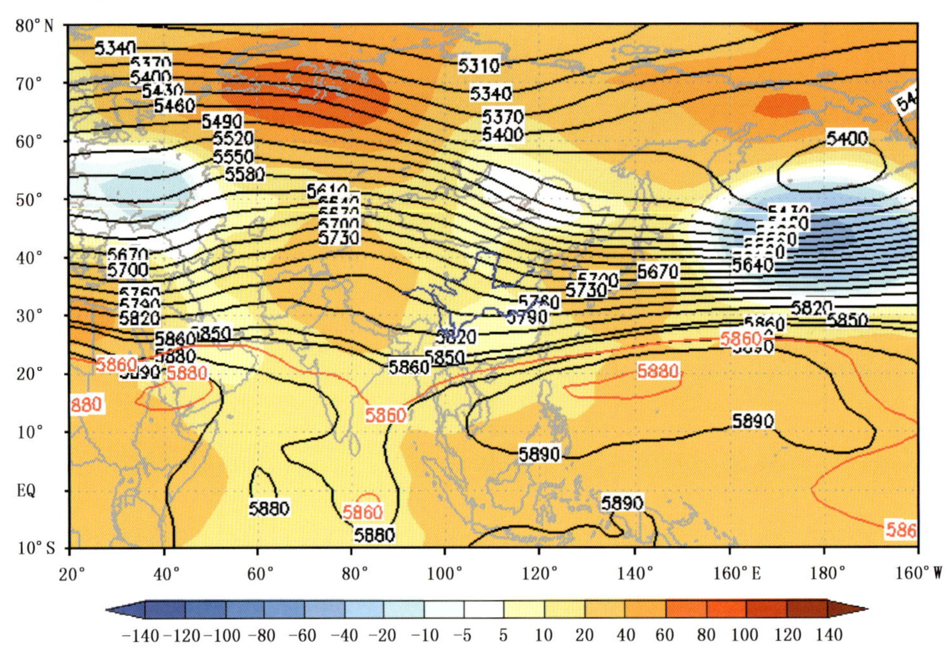

图 3.2 2016 年华南前汛期 500 hPa 高度(等值线)及距平(彩色阴影)分布图(单位:gpm)
(红色等值线表示气候平均的 5860 gpm 和 5880 gpm 等值线,近似代表西太副高气候平均的位置)

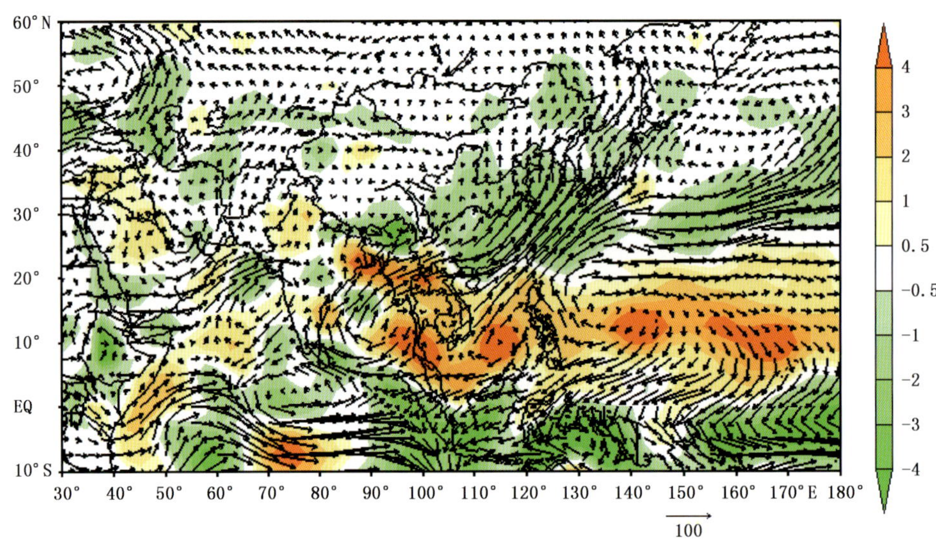

图 3.3 2016 年华南前汛期对流层(1000～300 hPa)整层积分水汽输送(矢量;单位:kg/(s·m))和辐合辐散距平(彩色阴影;单位 10^{-5}kg/(s·m^2))分布图

3.2 西南雨季

我国西南地处低纬高原地区,位于青藏高原向东延伸的部位,受亚洲季风的影响比较明显,干湿季节相当分明。5—10 月是西南地区湿季,受西南夏季风和东亚夏季风的交替影响，水汽充沛，降水比较集中，大部分地区湿季的降水占年总降水量80%以上，而11月至次年4月是干季，受西风带气流影响，气候干燥，降水稀少。

3.2.1 西南雨季总体特征

2016年西南雨季开始于5月21日，较常年(5月26日)，开始偏早5天，结束于10月10日，比常年(10月14日)结束偏早4天。2016年西南雨季期间，西南地区总降水量为731.3 mm，比常年(744.9 mm)偏少1.8%(图3.4)。

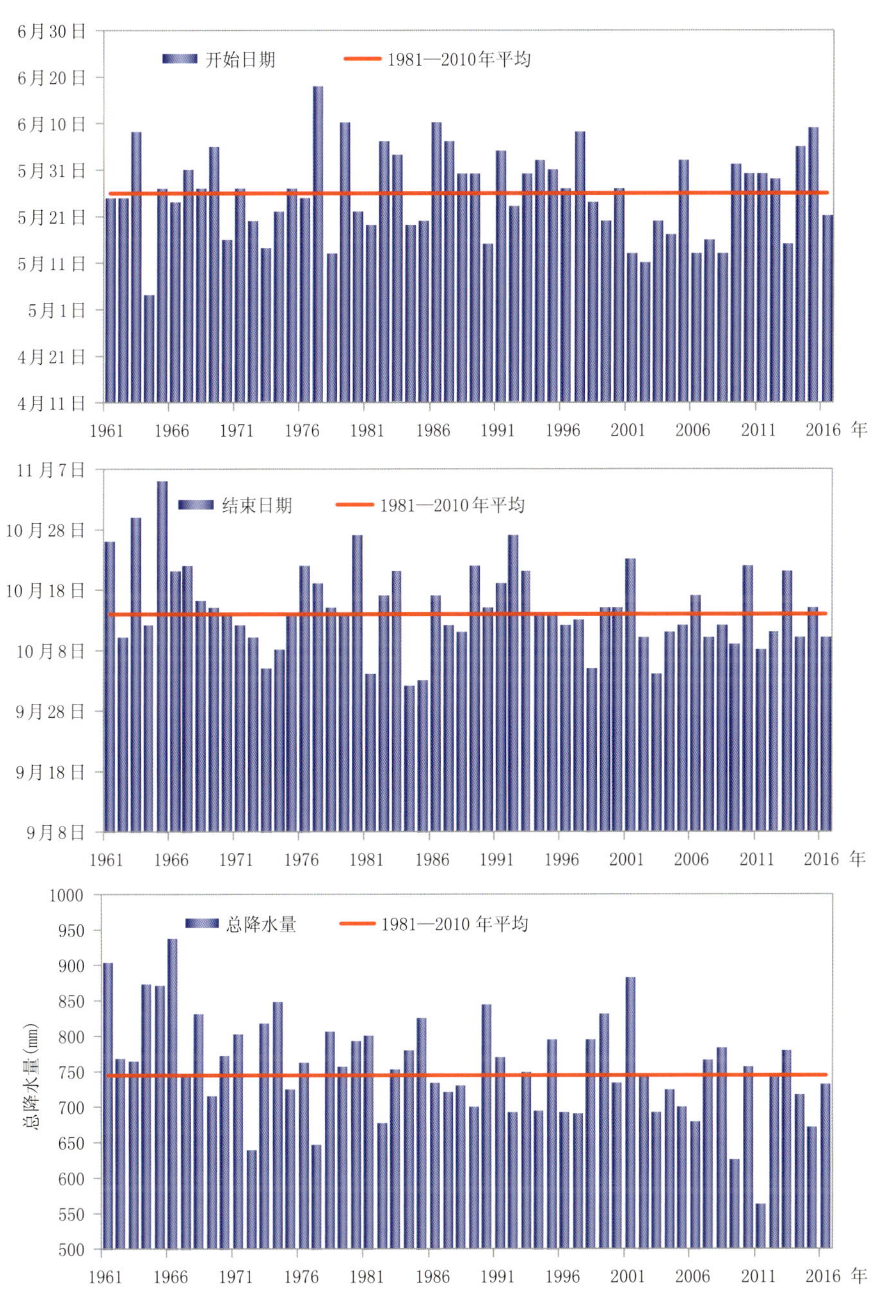

图3.4 1961—2016年西南雨季开始时间(上)、结束时间(中)及雨季总降水量(下)历年变化图

3.2.2 环流特征

2016 年西南雨季期间(5 月 21 日—10 月 10 日),500 hPa 位势高度场上(图 3.5),欧亚中高纬以平直西风气流为主,不利于来自中高纬的冷空气南下影响低纬地区,我国西南地区为正高度距平控制,影响该地区的冷空气活动较弱。低纬地区,西太副高明显偏大偏强,且西伸脊点偏西,印度上空为位势高度低值中心,有利于印缅槽前西南涡活动。受此影响,对流层低层(图 3.6),西北太平洋为异常反气旋控制,孟加拉湾上空呈现异常气旋性环流,加之索马里急流偏强,90°E 附近的越赤道气流也偏强,有利于引导来自海洋的暖湿气流向中国西南地区输送,高原东部及广西等地水汽以辐合为主(图 3.7)。受高纬和低纬大气环流共同影响,2016 年西南地区雨季期间降水总体接近常年。

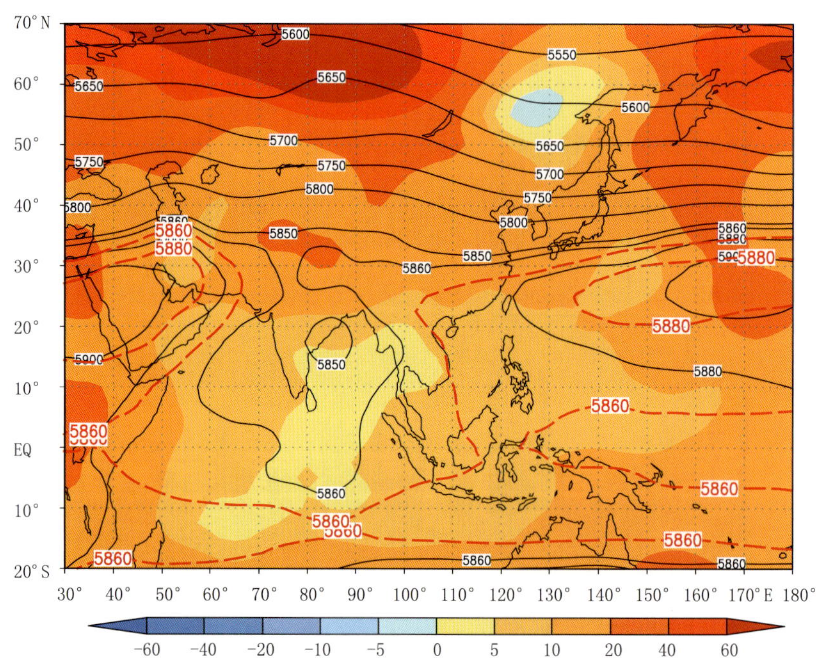

图 3.5 2016 年西南雨季期间 500 hPa 高度(等值线)及距平(彩色阴影)分布图(单位:gpm)
(红色等值线表示气候平均的 5860 gpm 和 5880 gpm 等值线,近似代表西太副高气候平均的位置)

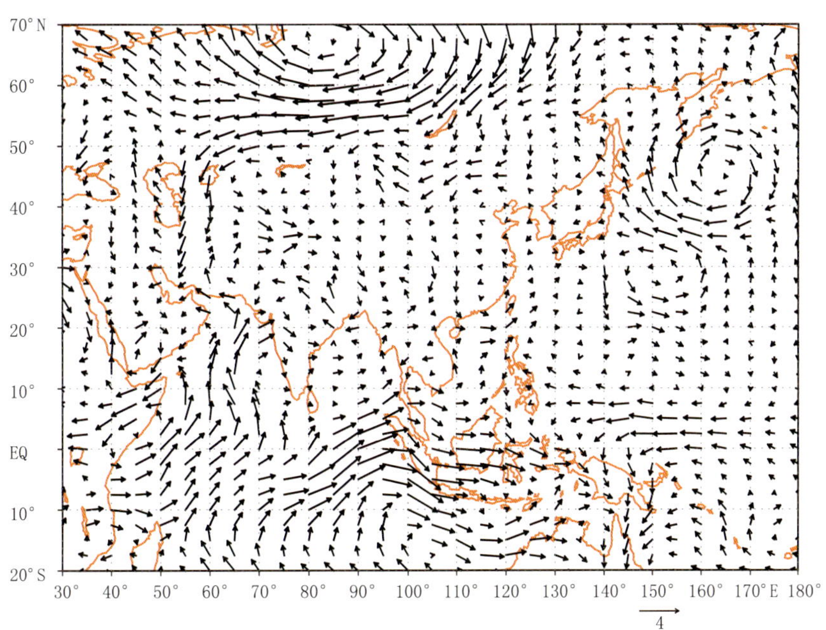

图 3.6 2016 年西南雨季期间 850 hPa 风场距平分布图(单位:m/s)

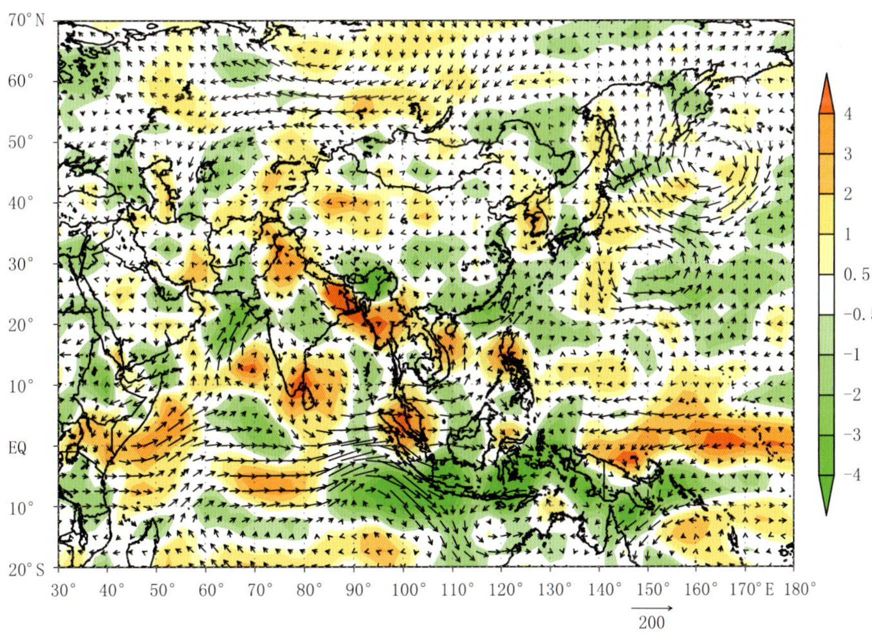

图 3.7 2016 年西南雨季期间对流层(1000～300 hPa)整层积分水汽输送(矢量;单位:kg/(s·m))和辐合辐散距平(彩色阴影;单位 10^{-5}kg/(s·m^2))分布图

3.3 中国梅雨

3.3.1 梅雨总体特征

按照梅雨监测业务规范(见附录 A),2016 年江南梅雨 5 月 25 日入梅,较常年偏早 14 天,7 月 19 日出梅,较常年偏晚 11 天,梅雨量为 526.0 mm,较常年偏多 44.0%,为 2000 年以来第 2 高值年;长江中下游梅雨 6 月 19 日入梅,较常年同期偏晚 5 天,7 月 21 日出梅,较常年偏晚 7 天,梅雨量为 584.2 mm,较常年偏多 108.0%,为 2000 年以来第 1 高值年;江淮梅雨 6 月 20 日入梅,较常年偏早 1 天,7 月 16 日出梅,较常年偏晚 1 天,梅雨量为 420.6 毫米,较常年偏多 59.1%(表 3.1)。

因此,2016 年梅雨总的气候特征为入梅时间早,出梅时间晚,梅雨期显著偏长,梅雨雨量显著偏多。

表 3.1 2016 年梅雨监测概况

区 域	入梅时间	出梅时间	梅雨期(天)	梅雨量(mm)
Ⅰ型(江南)	5 月 25 日	7 月 19 日	55	526.0 (+44.0%)
Ⅱ型(长江中下游)	6 月 19 日	7 月 21 日	32	584.3 (+108.0%)
Ⅲ型(江淮)	6 月 20 日	7 月 16 日	26	420.6 (+59.1%)

注:梅雨量括号中数值为梅雨降水距平百分率。

3.3.2 环流特征

梅雨期间,在北半球 500 hPa 高度距平场上(图 3.8),西太副高显著偏强、偏大、西伸脊点偏西,有利于西南低空急流发生频数偏多、强度偏强,引导来自孟加拉湾和南海的水汽向我国长江中下游地区输送。同时,我国中东部中纬度地区主要受高空槽控制,冷空气活动相对活跃,有利于冷暖气流在梅雨区频繁交汇。在这种环流形势影响下,在整层积分水汽场上(图 3.9),我国江南至江淮地区为显著的水汽辐合区,有利于梅雨雨量偏多。

3.4 华北雨季

华北雨季是指受东亚夏季风向北推进影响,每年 7 月中下旬至 8 月上中旬为华北地区降水最集中的时期。华北雨季降水强度大,时空分布极为不均,可伴随雷电、大风、冰雹等强对流天气;同时,受季风气候影响,华北雨季长度年际变化大,强弱变化差异显著。

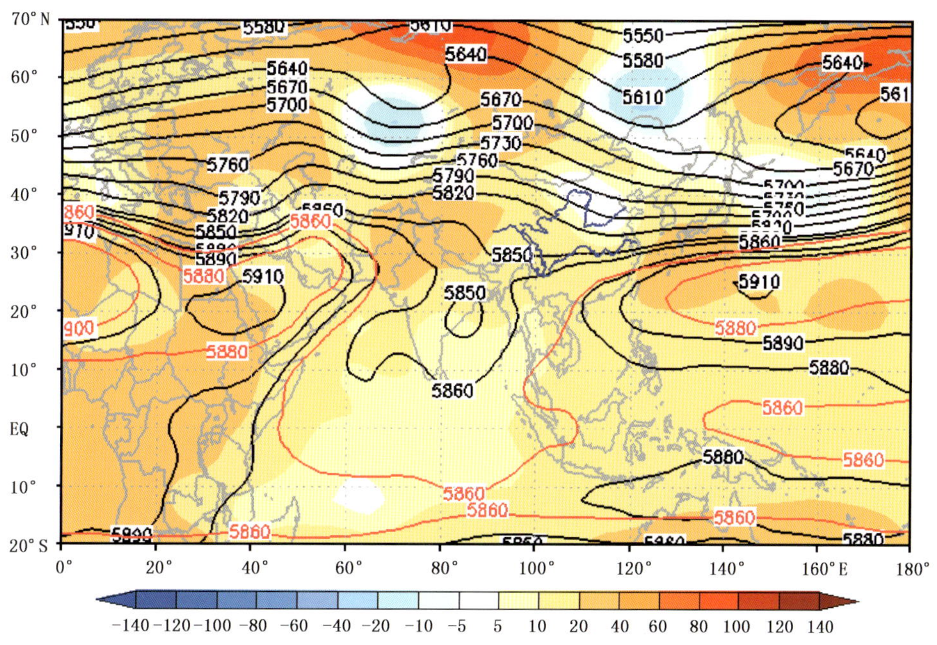

图 3.8 2016 年梅雨期间 500 hPa 高度(等值线)及距平(彩色阴影)分布图(单位:gpm)
(红色等值线表示气候平均的 5860 gpm 和 5880 gpm 等值线,近似代表西太副高气候平均的位置)

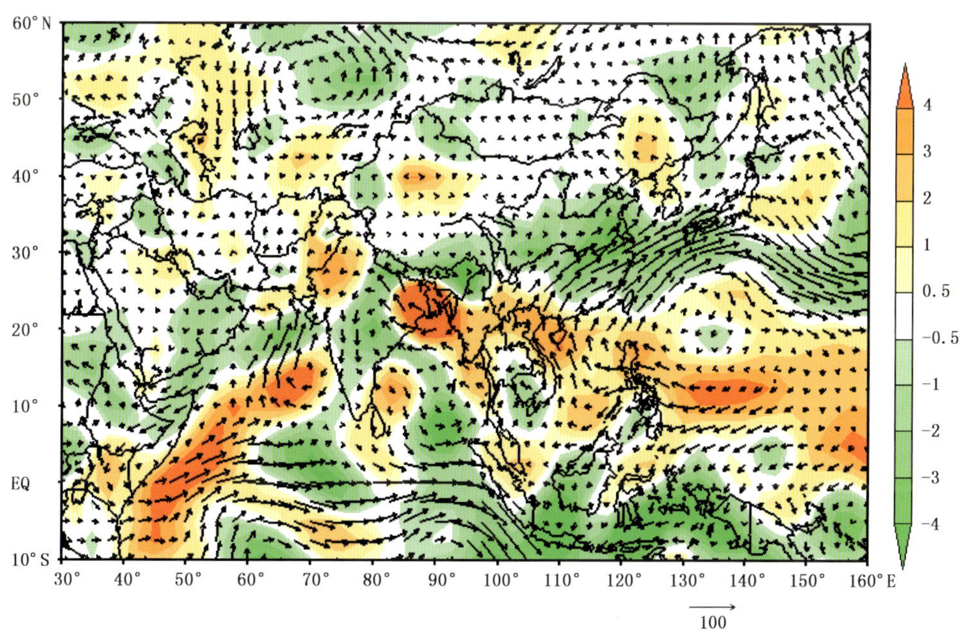

图 3.9 2016 年梅雨期间对流层(1000～300 hPa)整层积分水汽输送(矢量;单位:kg/s・m)和
辐合辐散距平(彩色阴影;单位:10^{-5} kg/(s・m^2))分布图

3.4.1 华北雨季总体特征

按照《华北雨季监测业务规定(试行)》(见附录 A)进行雨季实时监测。2016 年华北雨季于 7 月 19 日开始,较常年(7 月 18 日)偏晚 1 天,于 8 月 8 日结束,较常年(8 月 18 日)偏早 10 天,雨季长度为 21 天,较常年同期(32 天)偏短 11 天(图 3.10)。2016 年华北雨季总降水量为 162.4 mm,比常年(135.7 mm)偏多 19.7%(图 3.10)。

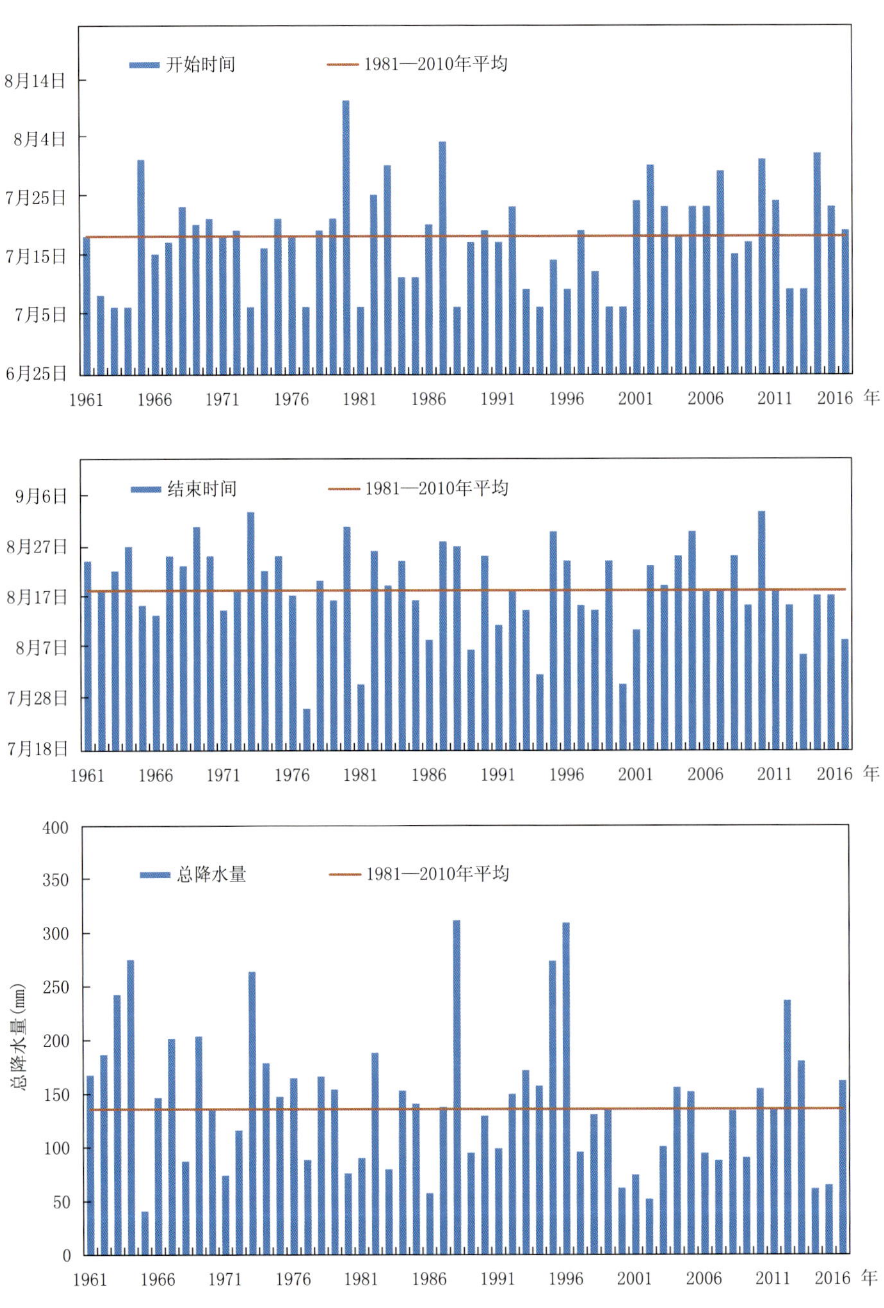

图 3.10 1961—2016 年华北雨季开始时间(上)、结束时间(中)及雨季总降水量(下)历年变化图

3.4.2 环流特征

由 500 hPa 位势高度及距平场来看(图 3.11),2016 年华北雨季期间,副高异常偏北,华北地区处于副高西北边缘,有利于热带暖湿气流北上到达华北地区。同时,华北地区处于贝加尔湖异常高压脊前的槽中,有利于引导中高纬冷空气南下到达华北地区与热带暖湿气流交汇。从 700 hPa 风场距平来看,华北雨季期间,华北地区有一条切变线存在,华北地区为东西风的辐合带(图 3.12),来自热带海洋的暖湿水汽也在华北地区辐合(图 3.13)。在这样的异常环流配置下,该时间段华北地区降水异常偏多,也使得虽然 2016 年华北雨季偏短但是降水量偏多。

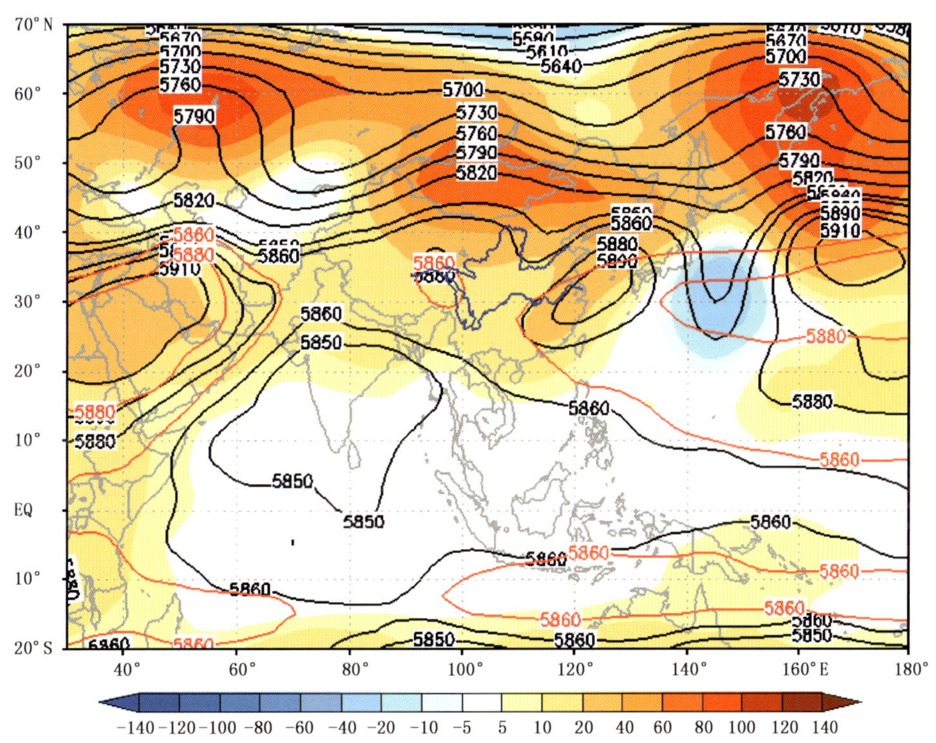

图 3.11 2016 年华北雨季期间 500 hPa 高度(等值线)及距平(彩色阴影)分布图(单位:gpm)
(红色等值线表示气候平均的 5860 gpm 和 5880 gpm 等值线,近似代表西太副高气候平均的位置)

3.5 华西秋雨

华西秋雨是中国华西地区特有的雨季。它主要出现在四川、重庆、贵州、甘肃东部和南部、陕西关中和陕南、湖南西部、湖北西部一带。华西秋雨以绵绵细雨为主,持续的阴雨寡照,给当地的农业生产和人民生活带来一定的不利影响。华西秋雨的降水量虽然少于夏季,但持续的降水也容易引发秋汛,直接关系到工农业生产和人民生命财产安全。

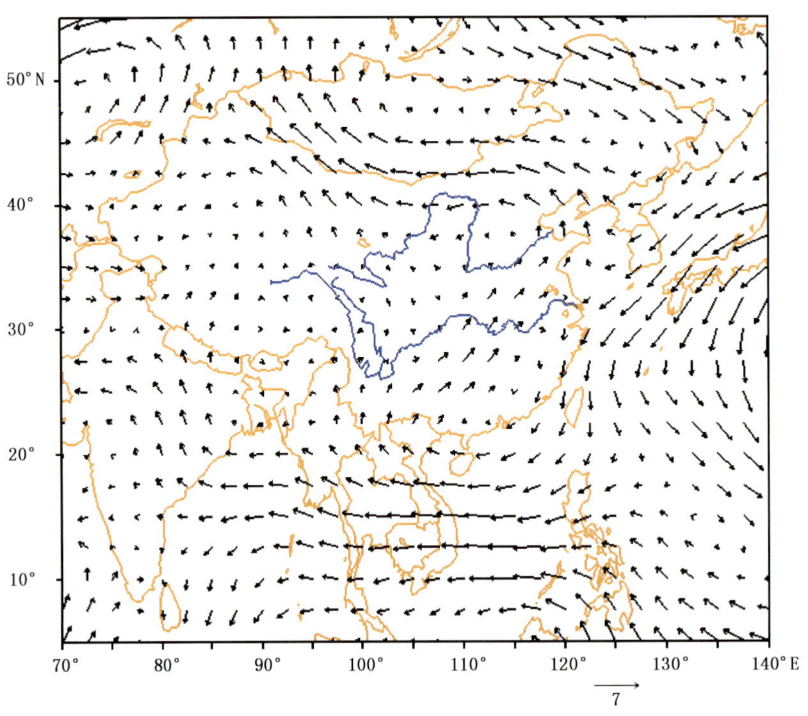

图 3.12　2016 年华北雨季期间 700 hPa 风场距平分布图(单位:m/s)

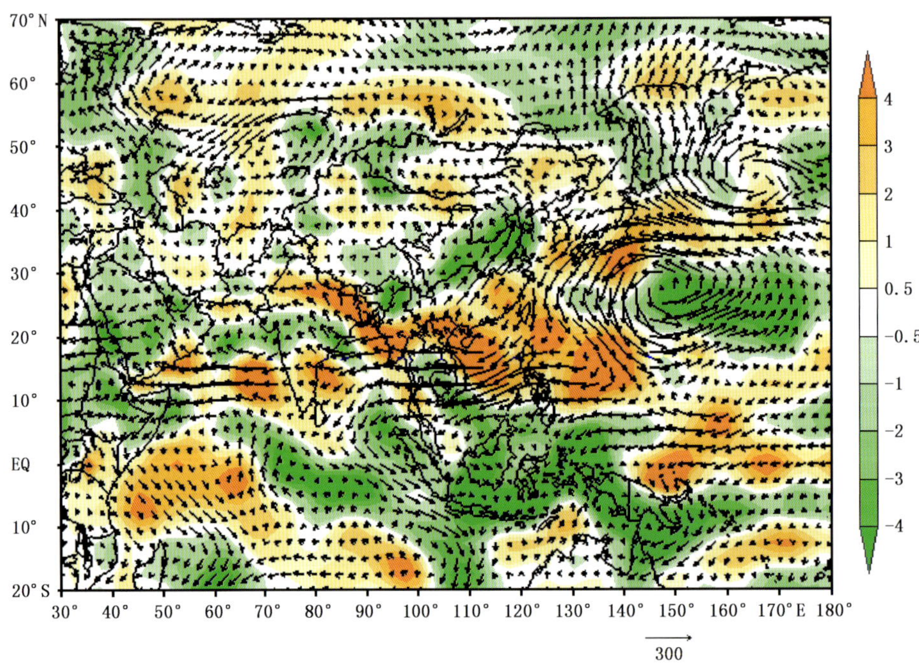

图 3.13　2016 年华北雨季期间对流层(1000～300 hPa)整层积分水汽输送(矢量;单位:kg/(s·m))和辐合辐散距平(彩色阴影;单位:10^{-5} kg/(s·m^2))分布图

3.5.1 华西秋雨总体特征

2016 年华西秋雨开始晚、结束早，雨期短、雨量小。华西秋雨于 9 月 5 日开始，较常年偏晚 5 天，10 月 31 日结束，比常年偏早 1 天。平均雨量 156.0 mm，较常年偏少 23.1%（图 3.14）。存在一定的区域型差异：华西南部雨量正常略偏少（−7.5%），而华西北部雨量偏少显著（−50.4%）。

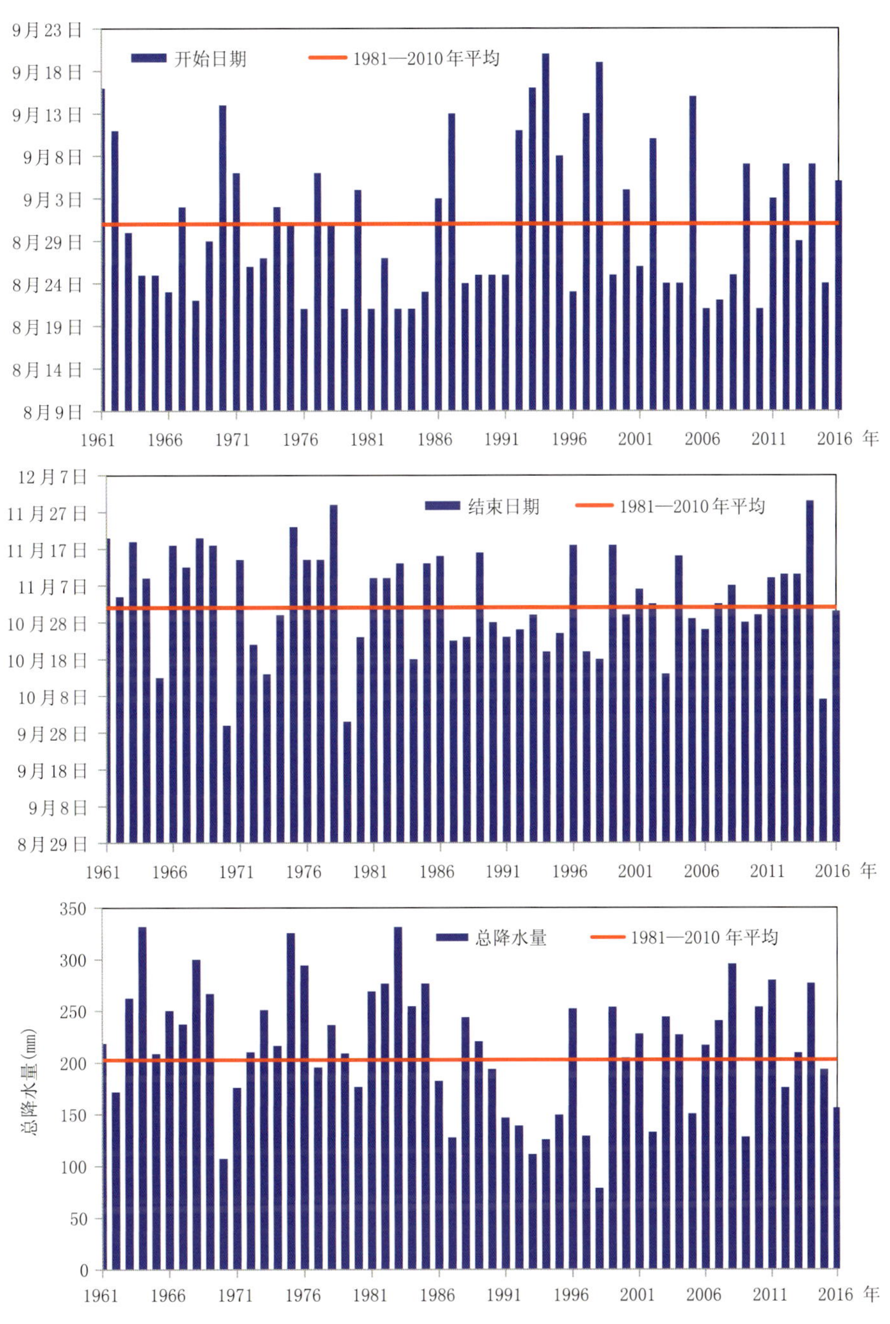

图 3.14 1961—2016 年华西秋雨开始时间（上）、结束时间（中）及总降水量（下）历年变化图

3.5.2 环流特征

2016年华西秋雨持续期间，欧亚中高纬500 hPa高度场呈北高南低的环流形势，纬向型特征较显著（图3.15），受其影响华西地区对流层低层北风异常不显著，冷空气影响较弱。同时，西太副高强度偏强，印缅槽略偏强（图3.16），来自孟加拉湾的西南暖湿气流和来自中国南海地区的东南暖湿气流主要影响区域偏东，输送至华西地区的水汽较少（图3.17）。

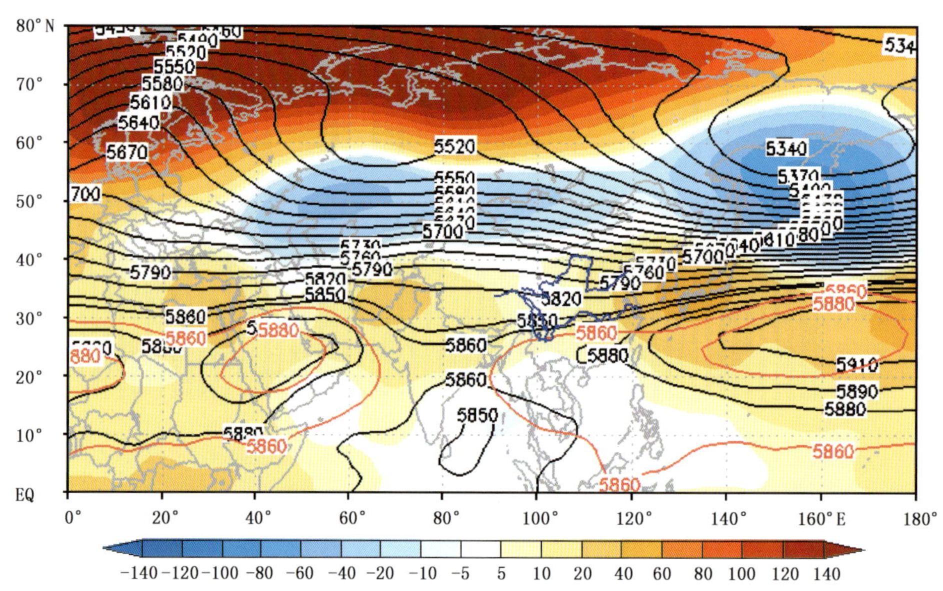

图3.15　2016年9月5日—10月31日500 hPa高度及距平（单位：gpm）分布图

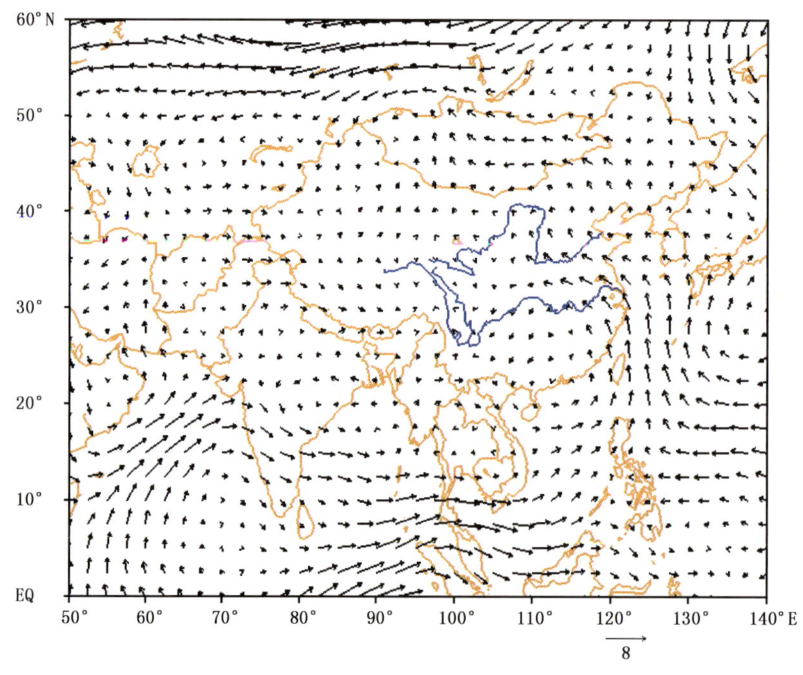

图3.16　2016年9月5日—10月31日850 hPa风场距平（单位：m/s）分布图

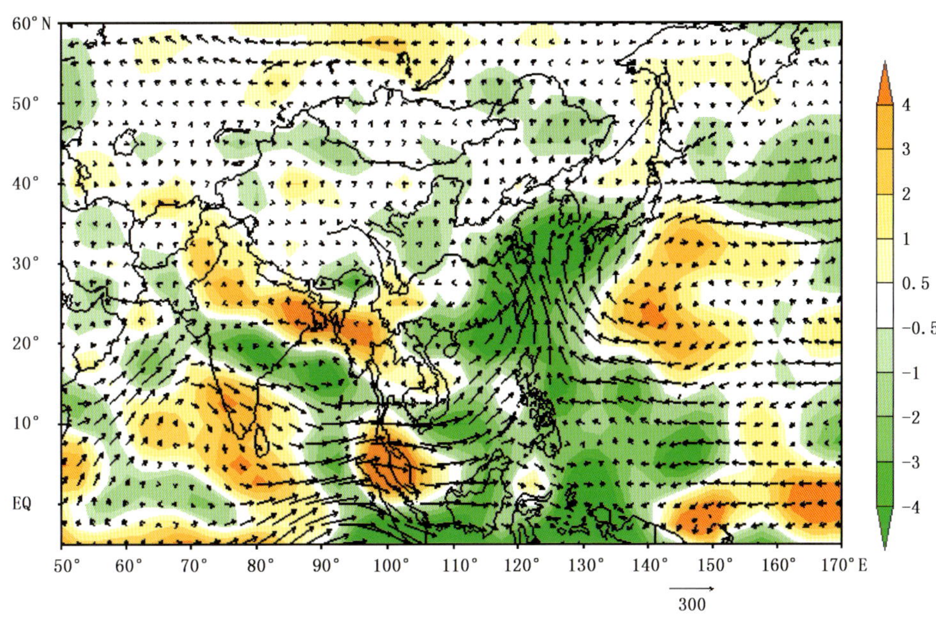

图 3.17 2016 年 9 月 5 日—10 月 31 日对流层(1000～300 hPa)整层积分水汽输送(矢量;单位:kg/(s·m))和辐合辐散距平(阴影区;单位:10^{-5}kg/(s·m^2))分布图

3.6 中国雨季概况

综合以上分析,2016 年中国雨季概况见表 3.2。

表 3.2 2016 年中国雨季概况信息表

		开始时间—结束时间	总降水量(mm)
华南前汛期		2016 年 3 月 21 日—6 月 19 日	763.3(偏多 4.3%)
西南雨季		2016 年 5 月 21 日—10 月 10 日	731.3(偏少 1.8%)
梅雨	江南	2016 年 5 月 25 日—7 月 18 日	526.0(偏多 44.0%)
	长江中下游	2016 年 6 月 19 日—7 月 20 日	584.3(偏多 108.0%)
	江淮	2016 年 6 月 20 日—7 月 15 日	420.6(偏多 59.1%)
华北雨季		2016 年 7 月 19 日—8 月 8 日	162.4(偏多 19.7%)
华西秋雨		2016 年 9 月 5 日—10 月 31 日	156.0(偏少 23.1%)

附录 A 资料和指标说明

A1 资料

全球地面逐月平均气温、降水量资料来自中国国家气象信息中心和美国国家气候资料中心，共 3285 个观测站，多年平均基准期为 1981—2010 年。

中国地面逐月平均气温、降水量资料来自中国国家气象信息中心，共 2415 个观测站，多年平均基准期为 1981—2010 年。

中国极端事件指标监测使用的逐日资料来自中国国家气象信息中心，从全国 2415 个气象站中选取时间序列至少有 40 年、分布较为均匀的 2385 个站点，观测要素包括平均气温、最高气温、最低气温及日降水量，多年平均基准期为 1981—2010 年。

大气环流资料来自美国国家环境预测中心，多年平均基准期为 1981—2010 年。

海表温度(SST)实时和历史资料来自美国国家海洋与大气管理局，网格点距为 1°×1°，多年平均基准期为 1981—2010 年(Reynolds 等，2002)。

北半球积雪资料为美国国家海洋与大气管理局卫星监测的北半球逐周积雪覆盖数据，来自美国罗格斯大学气候实验室，多年平均基准期为 1981—2010 年。

南、北极海冰密集度资料来自美国国家海洋与大气管理局，分辨率为 1°×1°，多年平均基准期为 1982—2010 年。

2015 年冬季为 2014 年 12 月—2015 年 2 月。本年鉴中的图表(序列图)，2014/2015 年冬季在横坐标中标为 2015，相应计算 1981—2010 年气候态时，为 1980/1981 年至 2009/2010 年冬季平均。

A2 监测指标说明

A2.1 极端事件监测指标

中国极端事件监测使用历史极值、百分位阈值等方法定义的指标进行监测，具体指标定义方法说明如下。

历史极值：某指标历史序列的极大或极小值，要求该历史序列从建站到统计截止时间至少有 30 年。

极端事件：对某指标的样本序列从小到大进行排位，定义超过该序列的第 95 百分位值为极端多事件，低（少）于第 5 百分位值为极端少事件。样本序列由该指标在多年平均基准期 30 年（1981—2010 年）内每年的极大值和次大值共 60 个样本组成。

极端强降水事件：某日降水量大于日降水量样本序列的第 95 百分位值。

极端高温事件：某日最高气温大于日最高气温样本序列的第 95 百分位值。

极端低温事件：某日最低气温小于日最低气温样本序列的第 5 百分位值，且该日最低气温≤4℃（寒潮标准）。

站次数：某观测站出现极端事件次数。

A2.2 北半球中高纬阻塞高压指数

对每个经度，南 500 hPa 高度梯度（GHGS）和北 500 hPa 高度梯度（GHGN）计算如下：

$$\mathrm{GHGS}=\frac{Z(\varphi_0)-Z(\varphi_s)}{\varphi_0-\varphi_s}$$

$$\mathrm{GHGN}=\frac{Z(\varphi_n)-Z(\varphi_0)}{\varphi_n-\varphi_0}$$

式中，$\varphi_n=80°\mathrm{N}+\delta$，$\varphi_0=60°\mathrm{N}+\delta$，$\varphi_S=40°\mathrm{N}+\delta$，$\delta=-5°,0°,5°$。

对某时某经度任意一个 δ 值，如果条件满足：

(1)GHGS>0

(2)GHGN<−10 gpm / 纬度

则诊断为该时该经度有阻塞，阻塞指数为 GHGS。当有两个以上的 δ 值同时满足(1)和(2) 两个条件时，则取 GHGS 值大者为阻塞指数。因为阻高有一段持续的时间，在计算 GHGS 和 GHGN 之前，先对 500 hPa 高度场做 5 天的滑动平均，把有充分持续时间的阻高分离出来。

阻塞高压的定义和计算方法见参考文献（李威等，2007；Lejenas and Okland，1983；Tibaldi and Molteni，1990）。

A2.3 西北太平洋热带辐合带(ITCZ)强度指数

夏季 120°～150°E，5°～20°N 范围内 OLR 的平均值作为夏季西北太平洋 ITCZ 的强度指数（曹西等，2013）。

A2.4 马斯克林高压指数

35°～25°S，40°～90°E 范围内的海平面气压（SLP）面积加权平均值。

A2.5 澳大利亚高压指数

35°～25°S，120°～150°E 范围内的海平面气压（SLP）面积加权平均值。

A2.6 越赤道气流

索马里越赤道气流：5°S～5°N，40°～50°E 范围内 850 hPa 经向风的面积加权平均值。

孟加拉湾越赤道气流：5°S～5°N，80°～90°E 范围内 850 hPa 经向风的面积加权平均值。

南海越赤道气流：5°S～5°N，100°～110°E 范围内 850 hPa 经向风的面积加权平均值。

菲律宾越赤道气流：5°S～5°N，120°～130°E 范围内 850 hPa 经向风的面积加权平均值。

A2.7 南亚高压

选取青藏高原及其周围地区（0～55°N，0～180°E）上空 100 hPa 东西风零线上位势高度最大处为主高压中心，定义高压中心的位势高度（减去 1600 gpm）为强度指数。

A2.8 东亚副热带西风急流指数

选取 90°～180°E，10°～60°N 范围内 200 hPa 高度上风速≥30 m/s 格点（连续区域）为副热带西风急流区，以急流区内风速与 30 m/s 的差值为权重，按下式计算急流位置指数：

$$I_{Lon} = \frac{1}{\sum_{i=1}^{n}(V_i - 30)} \sum_{i=1}^{n} \{(V_i - 30) \times Lon_i\} \text{，当 } V_i \geqslant 30 \text{ m/s}$$

$$I_{Lat} = \frac{1}{\sum_{i=1}^{n}(V_i - 30)} \sum_{i=1}^{n} \{(V_i - 30) \times Lat_i\} \text{，当 } V_i \geqslant 30 \text{ m/s}$$

其中，I_{Lon}、I_{Lat} 分别为急流经、纬度位置指数，V 为风速，Lon 和 Lat 分别为经度和纬度。

西风急流区累计风速（格点风速与 30 m/s 的差值）为副热带西风急流强度指数。

A2.9 北极涛动(AO)指数

北半球热带外（20°～90°N）1000 hPa 高度异常场（相对 1981—2010 年平均）经验正交函数分析（EOF）所得的第一模态的时间系数的标准化序列。

A2.10 南海季风监测指标

南海季风监测区选为：10°～20°N，110°～120°E。

南海夏季风起止时间的判定指标：以南海季风监测区内平均纬向风和假相当位温为监测指标，同时参考 200 hPa、850 hPa 和 500 hPa 位势高度场的演变。监测区内平均纬向风由东风稳定转为西风以及假相当位温稳定地＞340 K 的时间为南海夏季风爆发时间。

南海夏季风强度逐候变化：以南海季风监测区内平均纬向风逐候变化和同时段气候平均值比较，考察南海夏季风强度的逐候变化。

年南海夏季风强度指数：南海夏季风爆发到结束期间纬向风强度累积值的标准化距平值为当年南海夏季风强度指数（多年平均基准为 1981—2010 年）（朱艳峰，2005）。

A2.11 亚洲热带夏季风爆发指标

夏季风爆发与风向的转变、对流活动和强降水的发生是密不可分的，因此，这里综合考虑热力和动力因素，用850 hPa候平均的纬向风>0 m/s同时OLR满足≤230 W/m^2，以及候平均降水>6 mm定义为亚洲热带夏季风爆发的临界值(柳艳菊等，2007)。

A2.12 东亚副热带夏季风监测指标

采用张庆云等(2003)定义，即：将东亚热带季风槽区(10°～20°N，100°～150°E)与东亚副热带地区(25°～35°N，100°～150°E)6—8月平均的850 hPa风场的纬向风距平差定义为东亚副热带夏季风指数(I_{EASM})：

$$I_{EASM} = U'_{850\ \mathrm{hPa}(10^\circ\sim20^\circ\mathrm{N},100^\circ\sim150^\circ\mathrm{E})} - U'_{850\ \mathrm{hPa}(25^\circ\sim35^\circ\mathrm{N},100^\circ\sim150^\circ\mathrm{E})}$$

利用该定义计算出逐年的东亚副热带夏季风指数，将东亚副热带夏季风指数≥2 m/s的年份定义为强夏季风年，≤−2 m/s的年份定义为弱夏季风年。

A2.13 东亚冬季风监测指标

取西伯利亚高压强度和东亚冬季风指数(朱艳峰，2008)为冬季风监测指标，其中前者代表冬季风在源地的强弱，后者是适用于描述中国大陆冬季气温变化的东亚冬季风指数。计算方法如下：

西伯利亚高压强度指数：选取西伯利亚高压气候平均位置(40°～60°N，80°～120°E)，计算该区域冬季平均海平面气压值，并进行标准化。

东亚冬季风指数：北半球冬季25°～35°N，80°～120°E区域与50°～60°N，80°～120°E区域平均500 hPa纬向风距平差的标准化数值。

A2.14 华南前汛期监测指标

(1)华南前汛期开始时间

确定华南前汛期开始时间的主要依据是区域内监测站(图A.1)的降水条件，具体方法如下：

①华南地区各省(区)前汛期开始条件：

广东、广西：3月1日起，某监测站出现日降水量≥38.0 mm(大到暴雨级别降水)降水，则认为该站前汛期开始，该日为该监测站前汛期开始日；全省(区)累计前汛期开始站点达到省(区)内监测站点的50%(或以上)，且达到标准的当日及前1日(48小时内)全省(区)共有10%以上站点的日降水量≥38.0 mm，则将该日作为本省(区)前汛期开始日期。

福建、海南：4月1日起，某监测站出现日降水量≥38.0 mm(大到暴雨级别降水)降水，则认为该站前汛期开始，该日为该监测站前汛期开始日；全省累计前汛期开始站点达到省内监测站点的50%(或以上)，且达到标准的当日及前1日(48小时内)全省共有10%以上站点的日降水量≥38.0 mm，则将该日作为本省前汛期开始日期。

②华南地区前汛期开始时间：

以广东、广西、福建、海南四省(区)中前汛期的最早开始日期作为华南前汛期开始日期。

(2)华南前汛期结束时间

确定华南前汛期结束时间的主要依据是:区域内大部分监测站的降水减弱或中断及西太平洋副热带高压位置等条件。具体方法如下:

①自 6 月 1 日起,华南地区连续 5 天区域平均(监测区 261 代表站平均)的日降水量 <7.0 mm。

②日降水量 $\geqslant 38.0$ mm 的华南地区监测站点数连续 5 天少于总站数的 5%。

③连续 5 天西太平洋副热带高压脊线位置维持在 22°N 以北。

满足上述 3 个条件后,以华南区域平均的日降水量 <7.0 mm 的第一天作为前汛期中断日,如果有若干个中断日,则以最接近 6 月 30 日的中断日作为华南前汛期结束日。

(3)华南前汛期长度

华南前汛期开始日至结束日的总天数为华南前汛期长度。

(4)华南前汛期总降水量

华南监测站前汛期降水量的区域平均值为华南前汛期总降水量。

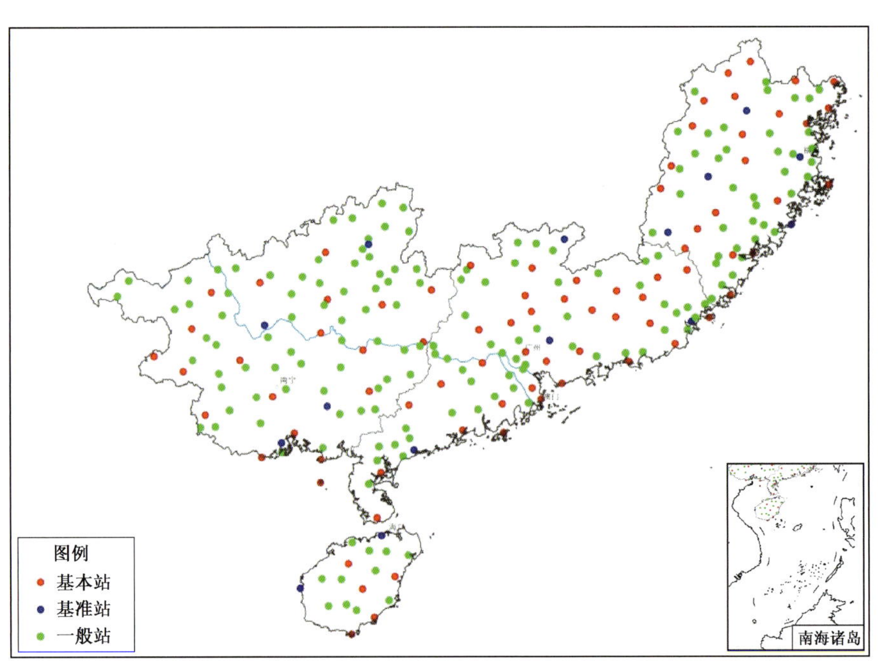

图 A.1　华南汛期监测站点空间分布示意图

A2.15　西南雨季监测指标

(1)单站雨季开始和结束日期的确定方法

鉴于西南区域气候差异较大,雨季开始和结束日期的监测主要采用单站标准进行监测,具体台站分布(图 A.2)和方法如下:

①雨季开始期判别条件:

自 4 月 21 日开始,任意 5 天滑动累计雨量(R_5)大于等于 5—10 月候雨量气候平均($\bar{R}_{5-10}/36$)为止,即:

$$K_b = [R_5/(\bar{R}_{5-10}/36)] \geqslant 1$$

式中，$\bar{R}_{5-10}$为5—10月降水量气候平均值。则：

ⓐ在$K_b \geqslant 1$的5天中雨量最大的一天确定为雨季开始待定日，在之后的15天内又出现$K_b \geqslant 1$的情况，即将雨季开始待定日期确定为雨季开始日，雨季开始日所在的候为雨季开始候。

ⓑ如果在之后的15天之内再未出现$K_b \geqslant 1$的情况，则重复ⓐ的步骤，重新确定雨季开始待定日和雨季开始日。

ⓒ如果计算得到的雨季开始日是4月21日，则逐日向前按ⓐ步骤推算符合雨季开始日条件的日期。

②雨季结束日判别条件：

自9月21日开始，任意5天滑动累计雨量(R_5)大于等于1—12月候雨量气候平均($\bar{R}_{1-12}/72$)为止，即：

$$K_e = [R_5/(\bar{R}_{1-12}/72)] \leqslant 1$$

式中，$\bar{R}_{1-12}$为年降水量气候平均值。则：

ⓐ在$K_e \leqslant 1$的当天确定为雨季结束待定日，在之后的15天内未再出现$K_e \geqslant 1$的情况，即将雨季结束待定日确定为雨季结束日，雨季结束日所在的候为雨季结束候。

ⓑ如果在之后的15天之内又出现$K_e \geqslant 1$的情况，则重复ⓐ的步骤，重新确定雨季结束待定日期和雨季结束日期。

ⓒ如果计算得到的雨季结束日是9月21日，则逐日向前按ⓐ步骤推算符合雨季结束日条件的日期。

（注意：气候平均通常取最新3个整年代的平均值，如：在2011—2020年期间取1981—2010年30年作为气候平均。）

(2)区域雨季开始和结束日期的确定方法

根据单站雨季开始和结束日期的确定方法，西南区域内监测站点有60%达到雨季开始(结束)的日期，即为西南区域雨季开始(结束)的日期。

区域内某省(区、市)的监测站点60%达到雨季开始(结束)的日期，即为该省(区、市)雨季开始(结束)的日期。

(3)雨季长度

西南区域雨季开始日期至结束日期的总天数为西南区域雨季长度。区域内某省(区、市)雨季开始日期至结束日期的总天数为该省(区、市)雨季长度。

(4)雨季总降水量

西南区域雨季开始日期至结束日期时段内，区域内监测站点总降水量的平均值为西南区域雨季总降水量。各省(区、市)雨季开始日期至结束日期时段内，各省(区、市)监测站总降水量的平均值为各省(区、市)雨季总降水量。

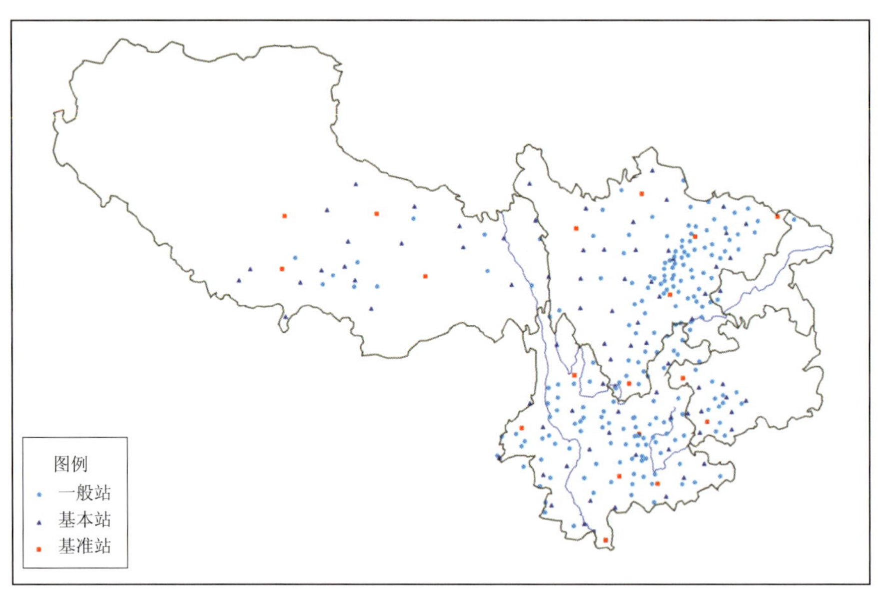

图 A.2　西南雨季监测区域及站点分布示意图

A2.16　中国梅雨监测指标

按照气候类型将梅雨监测区域分为江南区（Ⅰ）、长江区（Ⅱ）、江淮区（Ⅲ），其中长江区包括了长江中游区（$Ⅱ_a$）和长江下游区（$Ⅱ_b$）。各气候分区的梅雨监测站点分别为：江南区65站、长江区157站、江淮区55站（图A.3）。以区域内各监测站的降水为主要条件，以西太平洋副热带高压脊线位置、日平均温度、南海夏季风爆发时间等为辅助条件确定区域入（出）梅与梅雨期，具体方法是：

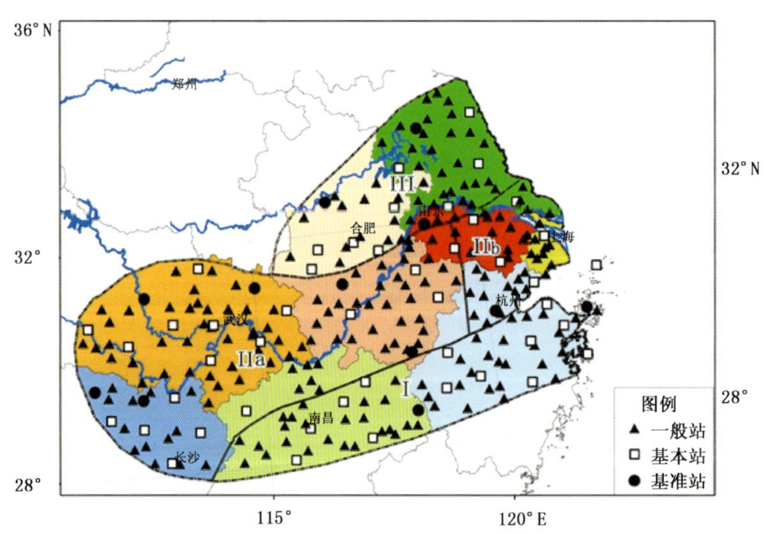

图 A.3　梅雨监测区域的气候分区（Ⅰ、Ⅱ（$Ⅱ_a$+$Ⅱ_b$）、Ⅲ）和行政分区中国家气象观测站分布示意图

（1）入（出）梅降水条件

①雨日的确定：某日区域中有1/3以上监测站出现≥0.1 mm的降水，且区域内日平均

降水量≥R_d(mm),该日为一个雨日。其中,安徽江淮之间、江苏(长江以南和长江以北)、湖南和上海等地 R_d 取值为 1.0 mm,其他区域 R_d 取值均为 2.0 mm。

②雨期开始日的确定:从第 1 个雨日算起,往后 2 日、3 日、……、10 日的雨日数占相应时段内总日数的比例≥50%,则第一个雨日为雨期开始日。

③雨期结束日的确定:从雨期的最后 1 个雨日算起,往前 2 日、3 日、……、10 日的雨日数占相应时段内总日数的比例≥50%,则最后一个雨日为雨期结束日。

对雨期异常长的情况,在雨期进入 8 月后第一个非雨日的前一天为雨期结束日;若此不能满足雨期结束日条件,则需要往前推算确定雨期结束日。

④雨期的确定:一个雨期需满足以下条件:任何连续 10 日的雨日比例≥40%、雨日数≥6 天且没有连续 5 天(含 5 天)以上的非雨日、站平均降水强度≥5 mm/d。一个雨期长度为该雨期的开始日到结束日所经历的日数。

⑤入梅时间的确定:第一个雨期的开始日即为入梅日。

⑥出梅时间的确定:最后一个雨期结束日的次日即为出梅日。

⑦梅雨期的确定:梅雨期内可以出现一个以上的雨期,梅雨期长度为入梅日到出梅日前一天的日数。

(2)梅雨期的其他条件

①梅雨一般发生在南海夏季风爆发之后,7 月中旬之后不再有新的梅雨期开始日,梅雨期结束日出现在立秋之前。

②西太平洋副热带高压脊线位置条件:梅雨期内,西太平洋副热带高压脊线 5 天滑动的位置有 1 候超过北界位置 2 个纬度,且没有继续出现雨日,监测区域出现高温干热天气,该区域梅雨期则结束(副高脊线南北界位置见表 A.1)。

表 A.1 梅雨期西太平洋副热带高压脊线活动范围

区域选择	南界(°N)	北界(°N)	备 注
浙江/江西	≥18	<25	江南区同(Ⅰ)
湖南/上海/湖北 安徽南部/江苏长江以南	≥19	<26	长江区同(Ⅱ)
安徽北部/江苏长江以北	≥20	<27	江淮区同(Ⅲ)

③区域梅雨在入梅条件中需要考虑梅雨发生在高温高湿的环境中,日平均气温≥22℃。

(3)特殊梅雨期

如依据监测指标无法确定该年度梅雨期,但在梅雨气候态时段内若满足以下条件:有明显的连续降水天气出现、有 1 次以上(含 1 次)区域性暴雨过程、雨期条件(开始日、结束日、雨日等)接近梅雨期客观规定要求,则可认为该年份为非空梅年。

(4)梅雨期的确定

江南区(Ⅰ)、长江区(Ⅱ)、江淮区(Ⅲ)等气候分区内的梅雨期,其监测区域的入梅日、出梅日为该气候区梅雨期的开始(结束)日。入梅日至出梅日前一天的日数即为该气候分区的梅雨期长度。

梅雨其他参数的气候统计主要基于梅雨气候区的总体特征。平均梅雨期为各梅雨气候区域梅雨期长度的平均值。由多段雨期累计构成(不包括雨期间断)的时间长度称之为梅雨降水集中期。中国不同区域梅雨的开始和结束在时间和空间上存在很大差异,将4个气候分区中梅雨期最早开始的入梅日期作为中国梅雨季节的入梅日,以其中最晚的出梅日期作为中国梅雨季节的出梅日。入梅日至出梅日前一天的日数即为中国梅雨季节的长度。梅雨季节内区域累计平均降水量为梅雨季节平均降水量。

(5)梅雨强度的确定

梅雨期内区域平均降水量,即区域内所有梅雨监测站的梅雨期总降水量的平均值为该区域梅雨雨强。其计算公式为:

$$P_i = \frac{1}{N}\sum_{j=1}^{N} P_{ij}$$

式中,P_i 为第 i 区域梅雨期的雨强;P_{ij} 为第 i 区域第 j 站的梅雨期总降水量;N 为该区域内总站数。

区域梅雨强度指数(M_i)计算公式:

$$M_i = \frac{L}{L_0} + \frac{\frac{(R/L)}{(R/L)_0}}{2} + \frac{R}{R_0} - 2.50$$

式中,M_i 为第 i 区域梅雨强度指数;L 为某一年梅雨期的长度(日数);L_0 为历年(1981—2010年平均)梅雨期的平均长度(日数);R 为某一年梅雨期内监测站总降水量;R_0 为历年(1981—2010年平均)梅雨期监测站总降水量的平均值;(R/L) 为梅雨期内平均日降水强度;$(R/L)_0$ 为历年(1981—2010年平均)梅雨期平均日降水强度的平均值。梅雨强度指数的等级划分见表A.2。

表A.2 梅雨强度指数的等级划分

等级	强	偏强	正常	偏弱	弱
M_i 界值	$M_i \geq 1.25$	$1.25 > M_i \geq 0.375$	$0.375 > M_i > -0.375$	$-0.375 \geq M_i > -1.25$	$-1.25 \geq M_i$

以各气候分区中各梅雨雨强的平均值为中国梅雨雨强,以各气候分区中各梅雨强度指数的平均值为中国梅雨强度指数。

A2.17 华北雨季监测指标

华北雨季监测范围和站点见图A.4。

(1)单站判定方法

①单站雨季开始日的判定

自7月1日开始,当连续5天平均的西太平洋副热带高压脊线位于25°N以北时:

京津冀和山西:若此时监测区内某站连续5天的累计降水量≥35 mm,且5天内至少有一天日降水量≥10 mm,则首个日降水量≥10 mm的日期即为该站雨季开始日。

内蒙古中部:若此时监测区内某站连续5天的累计降水量≥25 mm,且5天内至少有一天日降水量≥10 mm，则首个日降水量≥10 mm 的日期即为该站雨季开始日。

②单站雨季结束日的判定

京津冀和山西：雨季开始后，若监测区内某站截止某日时，向前连续 10 天中逐日 5 天向前滑动累计降水量均<35 mm，则将此日定为雨季结束日。

内蒙古中部：雨季开始后，若监测区内某站截止某日时，向前连续 10 天中逐日 5 天向前滑动累计降水量均<25 mm，则将此日定为雨季结束日。

(2)区域判定方法

主要依据为区域内各监测站降水情况，具体为：

①京津冀、山西、内蒙古中部三个监测区雨季开始日：当某监测区内雨季已开始的累计站点比率达到或超过该区域相应开始比率阈值时(表 A.3)，则将该日定为该监测区雨季开始日。

②京津冀、山西、内蒙古中部三个监测区雨季结束日：当某监测区内雨季已结束的累计站点比率达到或超过该区域相应结束比率阈值时(表 A.3)，则将该日定为该监测区雨季结束日。

表 A.3 华北各区域雨季起讫的累计站点比率阈值

阈值	京津冀	山 西	内蒙古中部
开始日	70%	60%	60%
结束日	60%	60%	50%

(3)华北雨季起讫时间的确定

以京津冀、山西、内蒙古中部三个监测区域中，最早进入雨季的某区域雨季开始日作为华北雨季的开始日；上述三个监测区域中，最晚结束的某区域雨季结束日作为华北雨季的结束日。

(4)华北及各区域雨季强度

①雨季长度：雨季开始日至结束日的总天数为雨季长度。

②雨季降水量：雨季开始日至结束日时段内，监测区区域平均的累计降水量。

③雨季降水量标准化值：以雨季降水量标准化值(Z_p)表征某年雨季降水量的多少，其等级划分详见表 A.4。计算公式为：

$$Z_p = \frac{P_j - P_0}{S_p} \times 100\%$$

其中：Z_p 为雨季降水量标准化值；P_j 为第 j 年雨季降水量，j 表示第 1，2，3…n 年，n 为样本长度；P_0 为雨季降水量的气候平均值；S_p 为雨季降水量的气候均方差(采用有偏估计，自由度为 n)。

(注：气候平均值和气候均方差分别取值为气候标准期 1981—2010 年的平均值和均方差。根据有关规定，气候标准期一般为最近 30 年平均，此标准期一般每 10 年进行一次变更，具体以业务规定为准)。

④雨季降水量等级：依据雨季降水量标准化值划分为 5 个等级(表 A.4)。

表 A.4　雨季降水量等级

降水量等级	等级评价	降水量标准化值 Z_p
一级	显著偏多	$Z_p \geqslant 1.5$
二级	偏多	$1.5 > Z_p \geqslant 0.5$
三级	正常	$0.5 > Z_p > -0.5$
四级	偏少	$-0.5 \geqslant Z_p > -1.5$
五级	显著偏少	$-1.5 \geqslant Z_p$

⑤雨季综合强度：由雨季的总降水量、平均降水量和雨季长度权重求和的大小确定，其等级划分详见表 A.5。

华北及各区域雨季综合强度指数(M)计算公式

$$M = \frac{L}{L_0} + \frac{\frac{(R/L)}{(R/L)_0}}{2} + \frac{R}{R_0} - 2.50$$

其中：L 为某年某区域雨季的长度(日数)；L_0 为某区域雨季的气候平均长度(日数)；R 为某年某区域雨季内监测站总降水量；R_0 为某区域雨季内监测站总降水量气候平均值；(R/L) 为某年某区域雨季内平均日降水强度；$(R/L)_0$ 为某区域雨季平均日降水强度的气候平均值。

根据计算得到的综合强度指数(M)来划分华北及各区域雨季强度等级(表 A.5)。

表 A.5　综合强度指数(M)的等级划分

强度等级	等级评价	M 指数
一级	强	$M \geqslant 1.25$
二级	偏强	$1.25 > M \geqslant 0.375$
三级	正常	$0.375 > M > -0.375$
四级	偏弱	$-0.375 \geqslant M > -1.25$
五级	弱	$-1.25 \geqslant M$

依据上述雨季降水量等级和雨季综合强度的计算方法，可以分别计算京津冀、内蒙古中部、山西和华北区域等省(区、市)的雨季强度。

(5)雨季的特殊情况

在某些特殊年份，由于华北地区降水稀少、降水时段不集中，使客观方法无法确定雨季开始(结束)日，或识别的雨季开始时间在 8 月中旬以后，结束时间在 8 月 31 日以后。在此情况下，雨季勘定时需要对其进行人工判别：

①雨季开始时间：某区域自 7 月上旬起到 8 月上旬，逐日 5 天向前滑动平均西太平洋副热带高压脊线位于 25°N 以北，取逐日 5 天向前滑动平均降水量最大时段中，降水量首次超过其同期气候平均降水量的日期为雨季开始日。

②雨季结束时间：某区域自 7 月中下旬起到 8 月底，逐日 5 天向前滑动平均降水量最大时段中，降水量最后一次超过其同期气候平均降水量的日期为雨季结束日。

③空雨季：若某些特殊年份，客观识别方法及特殊年份识别方法均无法识别雨季开始时间，则定义该年度华北雨季为空雨季。

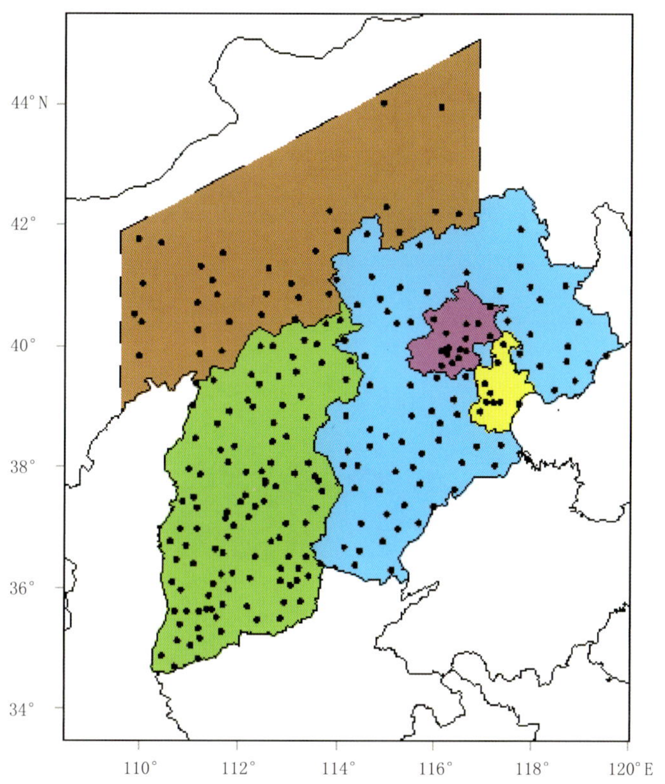

图 A.4 华北雨季监测区域及站点分布示意图

A2.18 华西秋雨监测指标

华西秋雨监测区域及站点分布见图 A.5。

(1)多雨期

①秋雨日：自 8 月 21 日起，若某日监测区域内≥50%的台站日降雨量≥0.1 mm，则为该区域的一个秋雨日，否则为一个非秋雨日。

②多雨期：自 8 月 21 日起，若监测区域内连续出现 5 个秋雨日(第 2～4 天中可有一个非秋雨日)，则多雨期开始，其第一个秋雨日为该多雨期开始日。此后若连续出现 5 个非秋雨日(第 2～4 天中可有一个秋雨日)，则该多雨期结束，并将第一个非秋雨日定为该多雨期结束日。在华西秋雨期内，可以出现一个或多个多雨期。

(2)华西秋雨开始日

①南、北气候区和省级行政区华西秋雨开始时间：自 8 月 21 日起，若监测区域内的第一个多雨期出现，则该区域华西秋雨开始，并将第一个多雨期的开始日定为该区域华西秋雨开始日。

②华西秋雨开始时间：将南、北两区域中的秋雨最早开始日作为整个华西区域的秋雨开始日。

(3)华西秋雨结束日

①北区及其相关省级行政区的华西秋雨结束时间：秋雨开始后，监测区域内若直至10月31日再无多雨期出现，则秋雨结束，最后一个多雨期结束日为该区域华西秋雨结束日。

②南区及其相关省级行政区的华西秋雨结束时间：ⓐ11月1—20日，监测区域内若连续出现10个非秋雨日（第2～9天中可有两个秋雨日），则秋雨结束，最后一个多雨期的结束日为该区域的华西秋雨结束日。ⓑ若条件ⓐ不满足，监测持续到11月30日，直至再无多雨期出现，则秋雨结束，最后一个多雨期的结束日为该区域的华西秋雨结束日。

③华西秋雨结束时间：将南、北两区域中的秋雨最晚结束日作为整个华西区域的秋雨结束日。

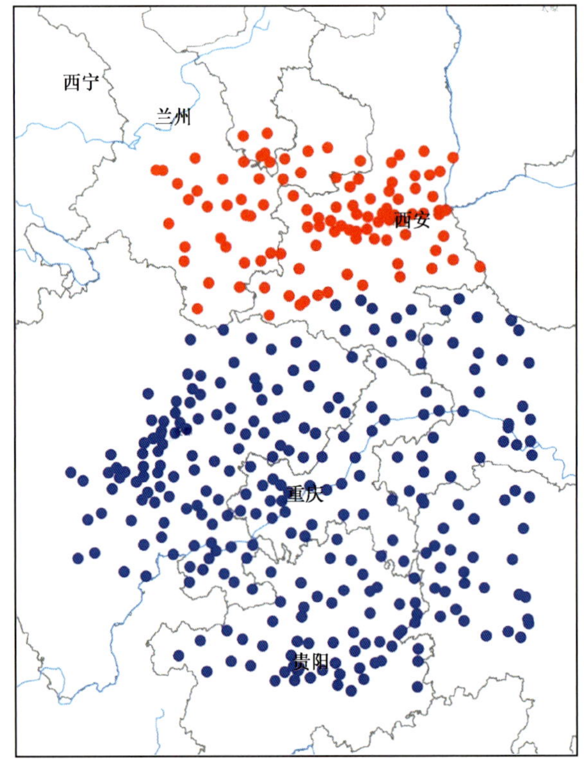

图 A.5　华西秋雨监测区域及站点分布示意图

A2.19　冷空气过程监测指标

(1)单站冷空气监测

依据单站降温幅度确定该站的冷空气等级，具体方法如下：

①24小时内降温幅度：某日06时以后24小时内的气温与某日气温之差。

②48小时内降温幅度：某日06时以后48小时内的气温与某日气温之差。

③72小时内降温幅度：某日06时以后72小时内的气温与某日气温之差。

④中等强度冷空气：使某地的气温48小时内降温幅度≥6℃但<8℃的冷空气。

⑤较强冷空气：使某地的气温48小时内降温幅度≥8℃，但未能使该地日最低气温下降到8℃或以下的冷空气。

⑥强冷空气：使某地的气温 48 小时内降温幅度≥8℃，而且使该地日最低气温下降到 8℃或以下的冷空气。

⑦寒潮：使某地的气温 24 小时内降温幅度≥8℃，或 48 小时内降温幅度≥10℃，或 72 小时内降温幅度≥12℃，而且使该地日最低气温下降到 4℃以下的冷空气（48 小时、72 小时内的气温必须是连续下降的）。

（2）冷空气过程判定

主要依据降温幅度大小，降温区域范围和降温持续时间来判定一次冷空气活动是否算作一次冷空气过程，具体方法如下：

①单日全国（全区）范围内≥8％的气象站出现中等及其以上强度的冷空气；

②一次冷空气过程至少持续 2 天；

③一次冷空气过程中全国（全区）范围内≥15％的气象站出现中等及其以上强度的冷空气。

④一次冷空气过程中，若逐日 24 小时降温幅度达 6℃的站点在减少后出现增加，则判定出现增加的前一日过程结束。

同时满足以上 4 个条件判定出现了一次冷空气过程。

（3）冷空气过程开始时间

满足冷空气过程判定条件的首日为冷空气过程开始日。

（4）冷空气过程结束时间

冷空气过程开始后，将不满足冷空气过程判定标准的首日作为冷空气过程结束日；或依据冷空气过程判定条件④判定，24 小时降温幅度达 6℃的站数在减少后出现增加的首日为冷空气过程结束日。

（5）冷空气过程强度等级

全国型（全区型）寒潮：在一次冷空气过程中，全国（全区）范围内≥35％的气象站出现寒潮，且南、北方各有≥20％的气象站出现寒潮。

区域型寒潮：若一次冷空气过程未达到全国型标准，在该冷空气过程中，全国（全区）范围内≥15％的气象站出现寒潮。

全国型（全区型）强冷空气：在该冷空气过程中，全国（全区）范围内≥35％的气象站出现强及其以上等级冷空气，且南、北方各有≥20％的气象站出现强及其以上等级冷空气。

区域型强冷空气：若一次冷空气过程未达到全国型标准，在该冷空气过程中，全国（全区）范围内≥15％的气象站出现强及其以上等级冷空气。

全国型（全区型）较强冷空气：在该冷空气过程中，全国（全区）范围内≥35％的气象站出现较强及其以上等级冷空气，且南、北方各有≥15％的气象站出现较强及其以上等级冷空气。

区域型较强冷空气：若一次冷空气过程未达到全国型标准，在该冷空气过程中，全国（全区）范围内≥20％的气象站出现较强及其以上等级冷空气。

全国型（全区型）中等强度冷空气：在该冷空气过程中，全国（全区）范围内≥35％的气象站出现中等及其以上等级冷空气，且南、北方各有≥20％的气象站出现中等及其以上等级冷空气。

区域型中等强度冷空气：未达到上述标准的冷空气过程。

参考文献

曹西，陈光华，黄荣辉，等，2013. 夏季西北太平洋热带辐合带的强度变化特征及其对热带气旋的影响[J]. 热带气象学报，**29**(2)：198-206.

李威，王启祎，王小玲，2007. 北半球阻塞高压实时监测诊断业务系统[J]. 气象，**33**(4)：77-81.

柳艳菊，丁一汇，2007. 亚洲夏季风爆发的基本气候特征分析[J]. 气象学报，**65**(4)：511-526.

张庆云，陶诗言，陈烈庭，2003. 东亚夏季风指数的年际变化与东亚大气环流[J]. 气象学报，**64**(4)：559-568.

朱艳峰，2005. 近 55 年南海夏季风爆发时间的确定及对 2005 年南海夏季风爆发早晚的预测[J]. 气候预测评论，**11**：62-68.

朱艳峰，2008. 一个适用于描述中国大陆冬季气温变化的东亚冬季风指数[J]. 气象学报，**66**(5)：781-788.

Lejenas H，Okland H，1983. Characteristics of Northern Hemisphere blocking as determined from a long time series of observational data[J]. Tellus，**35A**：350-362.

Reynolds R W，Rayner N，Smith T M，et al，2002. An Improved In Situ and Satellite SST Analysis for Climate[J]. J Climate，**15**：1609-1625.

Tibaldi S，Molteni F，1990. On the operational predictability of blocking[J]. Tellus，**42A**：343-365.

附录 B 东亚季风系统及其气候特征

B1 东亚季风区

东亚季风区中，南海—西太平洋为热带季风区，冬季盛行东北季风，夏季盛行西南季风。东亚大陆—日本为副热带季风区，冬季 30°N 以北盛行西北季风，以南盛行东北季风；夏季盛行西南季风或东南季风。

B2 东亚夏季风环流系统成员

东亚夏季风环流系统成员主要包括，①低空成员：马斯克林高压、澳大利亚高压、索马里越赤道气流、季风槽（南海—西北太平洋 ITCZ）、西太平洋副热带高压。②高空成员：南亚高压（西藏高压）、热带东风急流（图 B.1）。

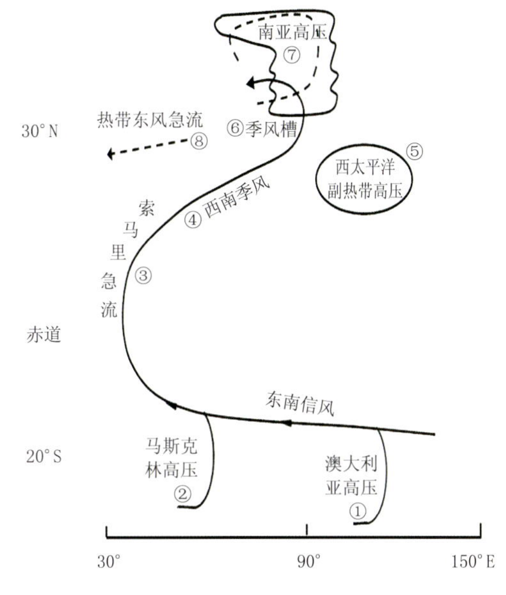

图 B.1 东亚夏季风环流系统成员示意图

B3 东亚冬季风环流系统成员

东亚冬季风环流系统成员主要包括：①低空成员：西伯利亚高压、东亚向南的越赤道气流、印尼—北澳热带辐合带（ITCZ）。②高空成员：西太平洋副热带高压、向北越赤道气流（图 B.2）。

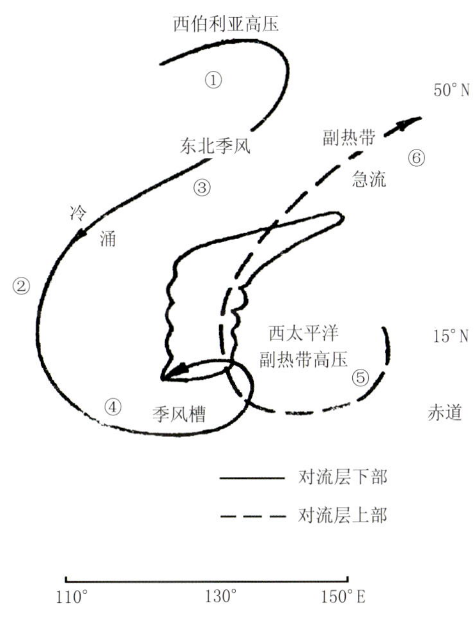

图 B.2 东亚冬季风环流系统成员示意图

B4 东亚季风环流系统气候特征

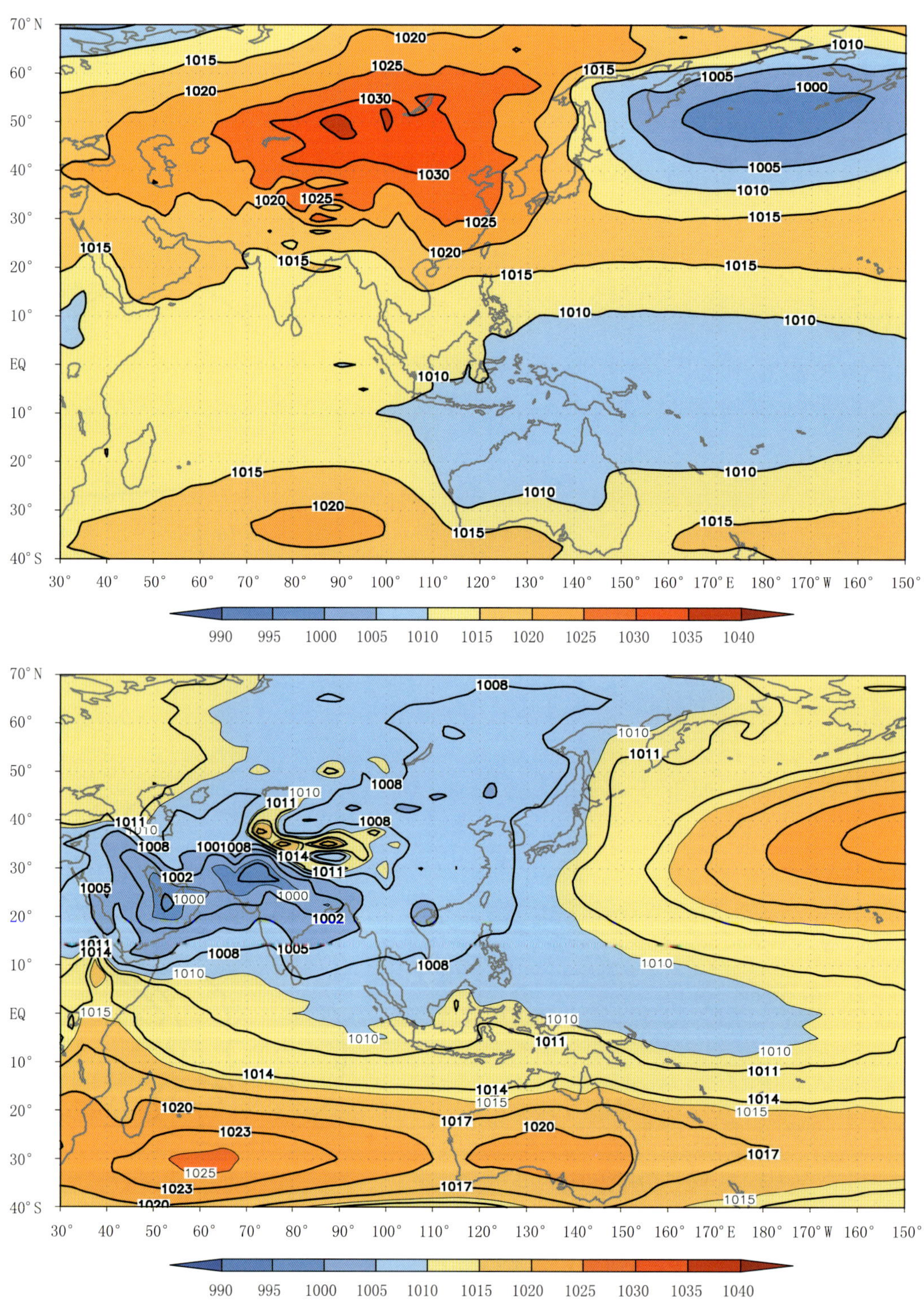

图 B.3　1981—2010 年平均冬季(上)及夏季(下)海平面气压场分布图(单位:hPa)

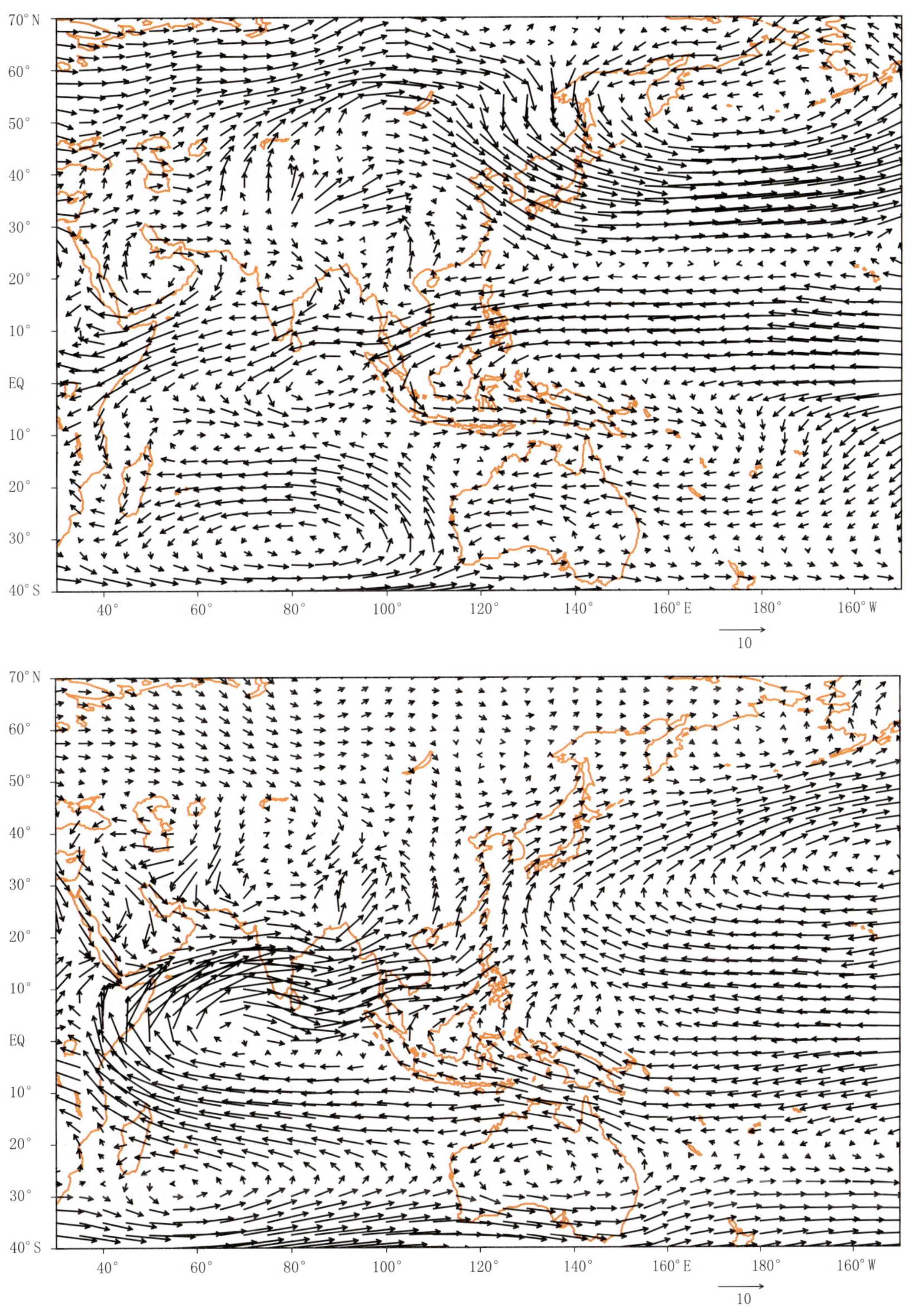

图 B.4 1981—2010 年平均冬季(上)及夏季(下)850 hPa 风场分布图(单位:m/s)

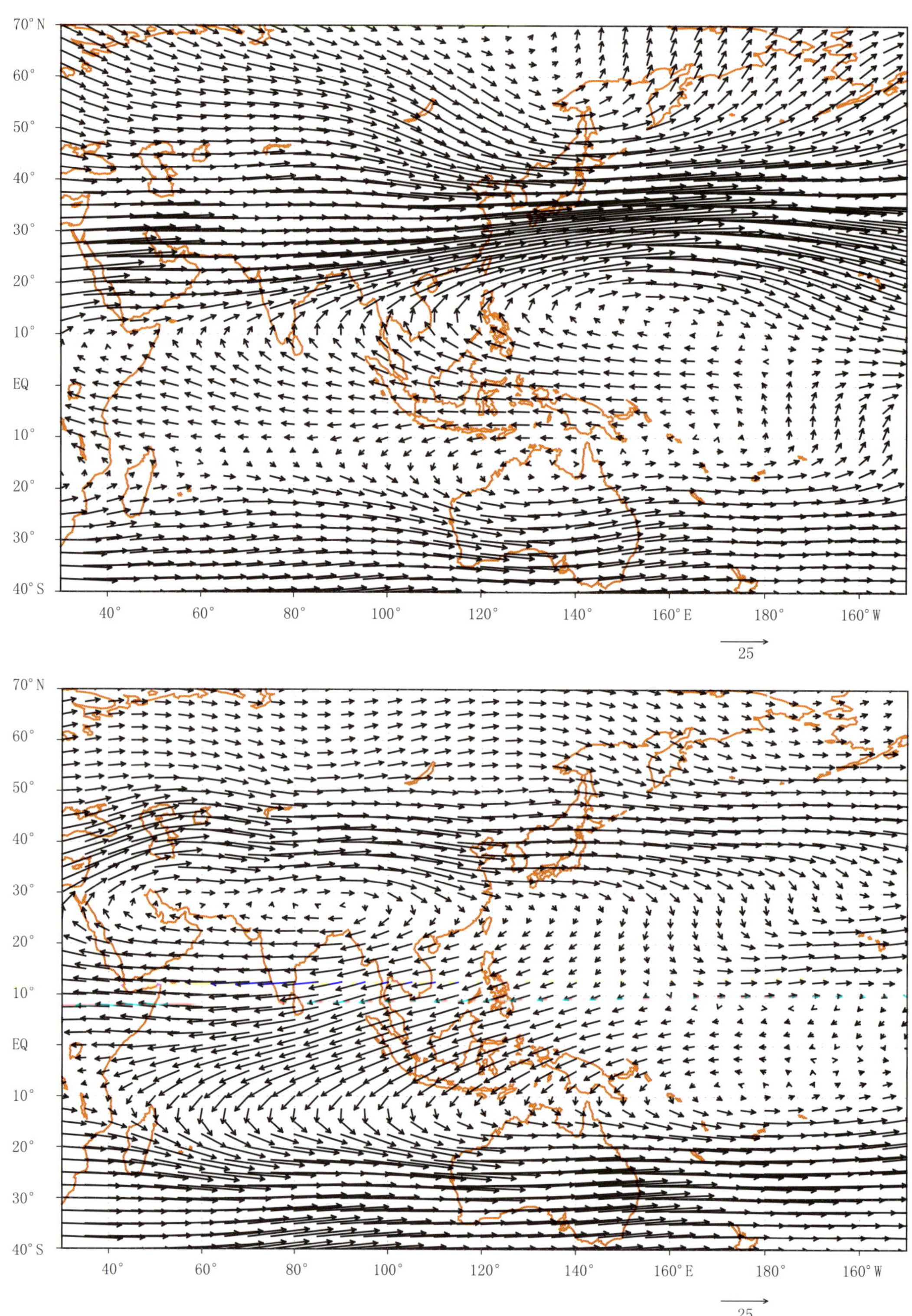

图 B.5　1981—2010 年平均冬季(上)及夏季(下)200 hPa 风场分布图(单位:m/s)

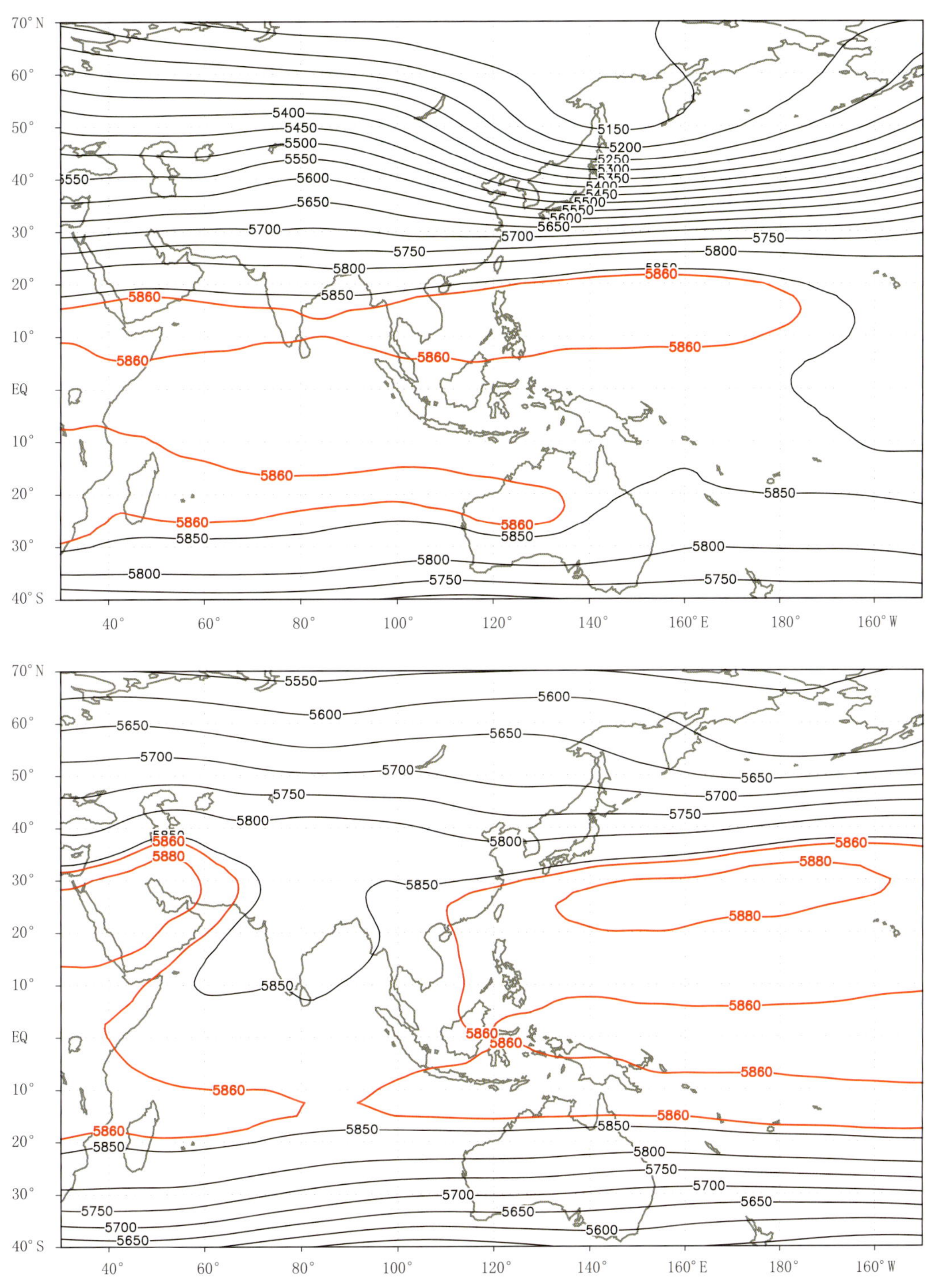

图 B.6 1981—2010 年平均冬季(上)及夏季(下)500 hPa 高度场(单位:gpm)分布图
(红色等值线表示气候平均的 5860 gpm 和 5880 gpm 等值线,近似代表副热带高压主体位置)

附录 C　2016 年全球海温及海冰分布

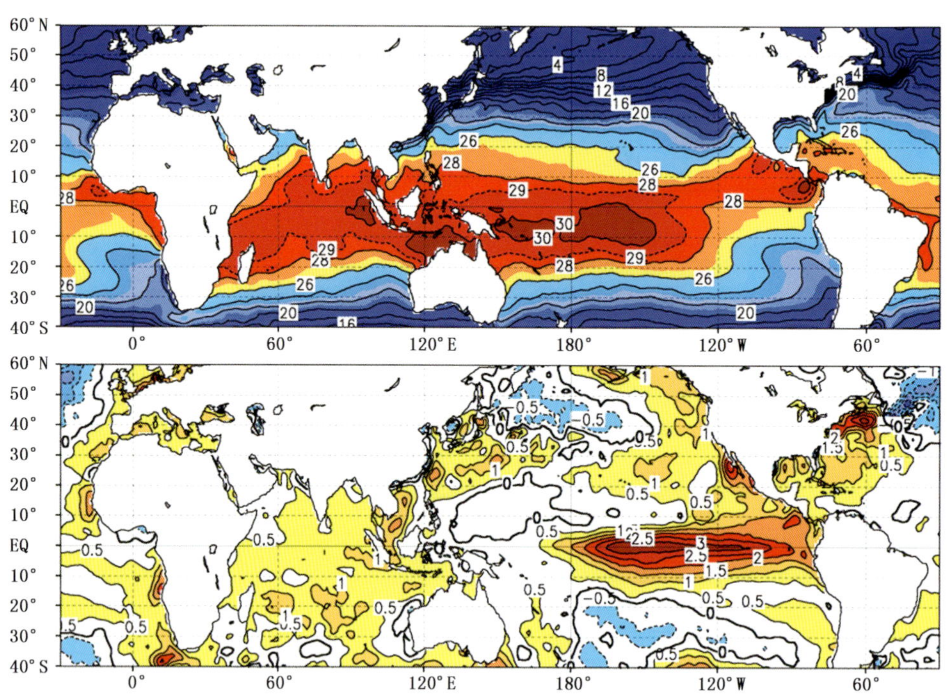

图 C.1　2015/2016 年冬季全球海温(上)及距平(下)分布图(单位:℃)

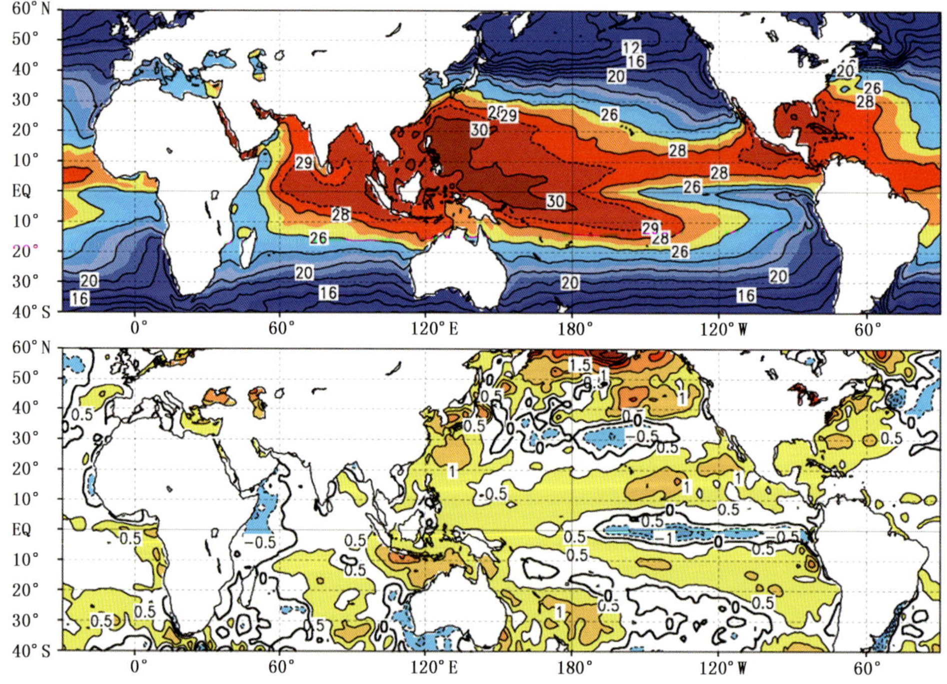

图 C.2　2016 年夏季全球海温(上)及距平(下)分布图(单位:℃)

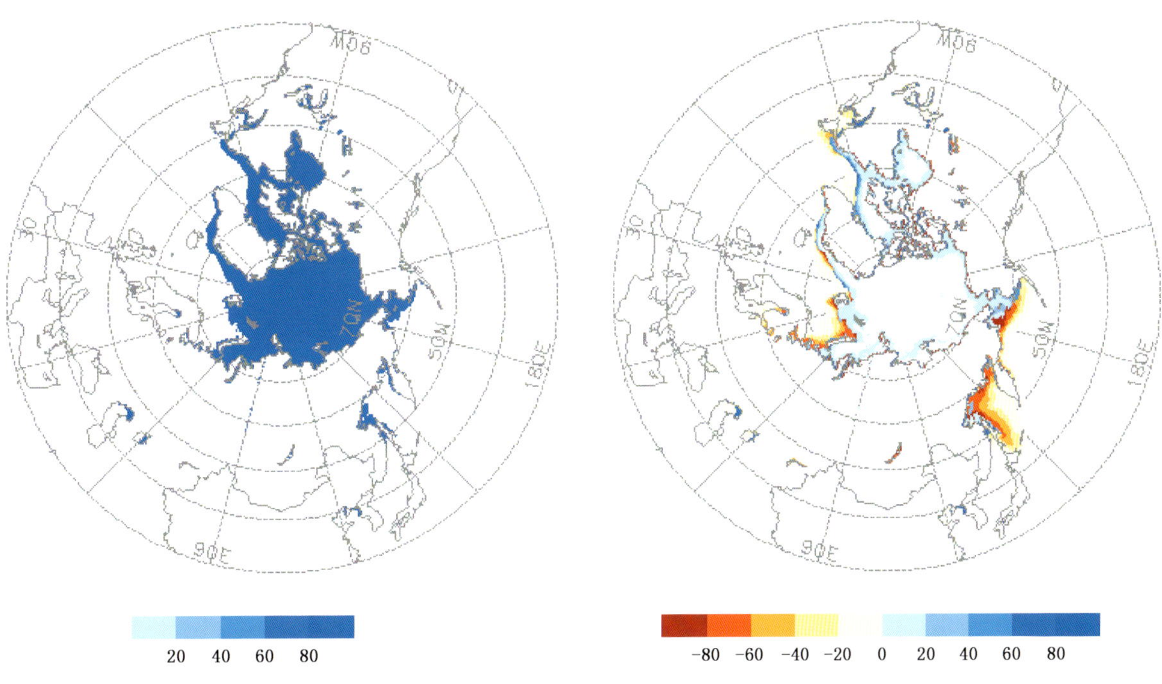

图 C.3 2016 年春季北半球海冰密集度(左)及距平(右)分布图(单位:%)

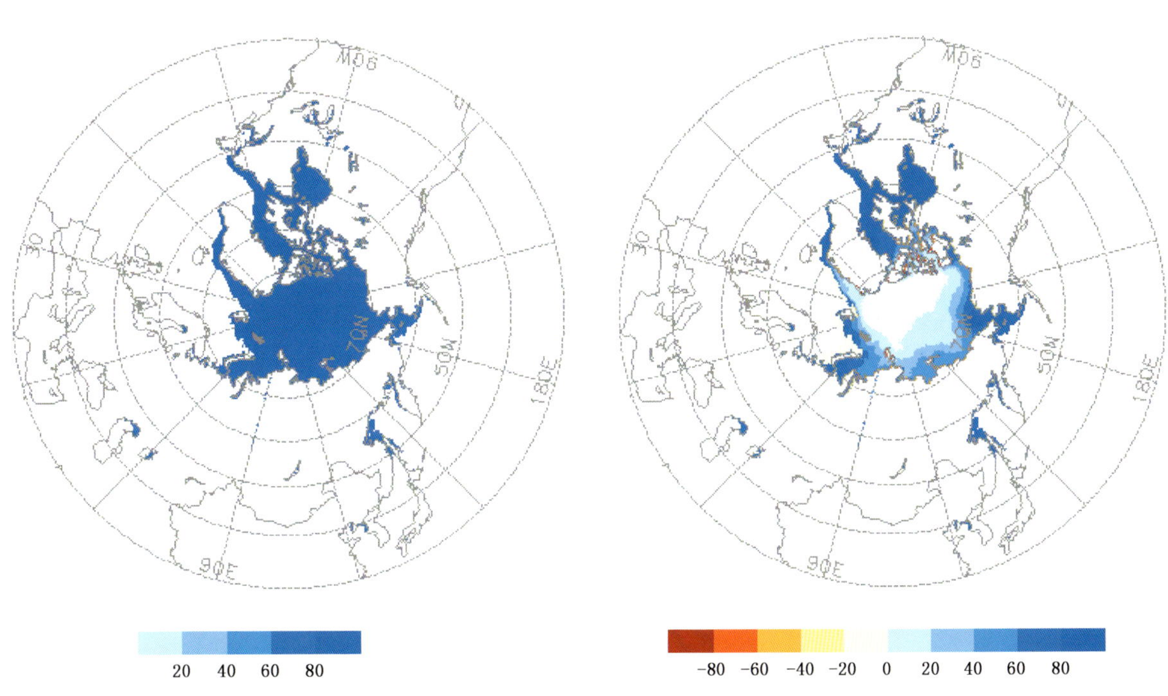

图 C.4 2016 年夏季北半球海冰密集度(左)及距平(右)分布图(单位:%)

附录 D　2016 年北半球积雪状况

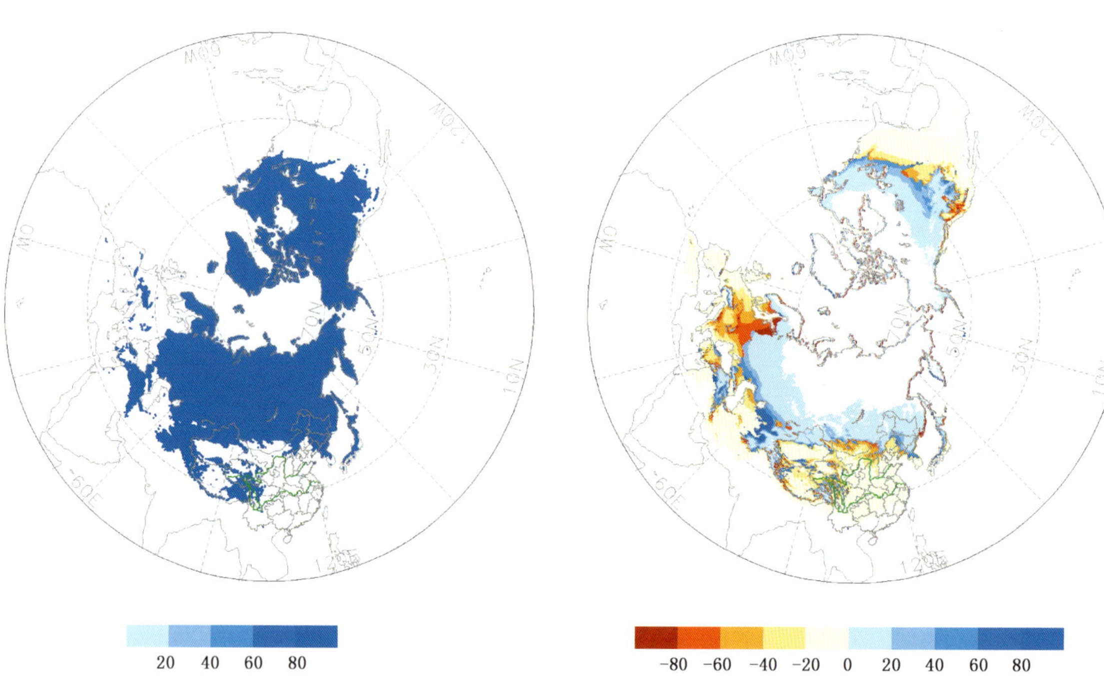

图 D.1　2015/2016 年冬季北半球积雪日数(左)及距平(右)分布图(单位:天)

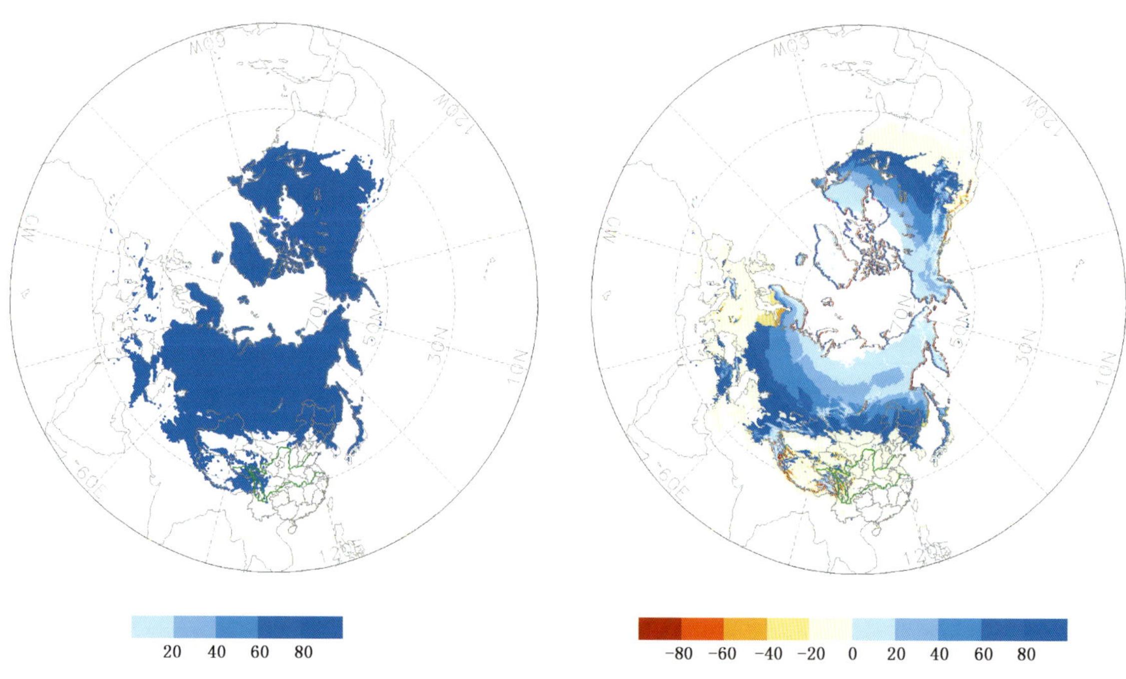

图 D.2　2016 年春季北半球积雪日数(左)及距平(右)分布图(单位:天)

附录 E 2015/2016 年东亚冬季风季节预测联合会商回顾

东亚冬季风季节预测联合会商开始于 1998 年，由中国气象局、韩国气象局、日本气象厅轮流主办，2009 年蒙古气象水文和环境监测厅加入该会商，参与冬季风趋势预测会商及会商会的承办。该联合会商的主要目的在于加强东亚各个国家对东亚冬季风的科学认识并交流最新的预测技术，促进对东亚冬季风的理解，并对每年东亚冬季风的趋势做出预测。本次东亚冬季风季节预测联合会商为“第三届东亚冬季气候展望论坛”(EASCOF-3)。本次论坛由韩国气象局承办，2015 年 11 月 3—5 日在韩国首都首尔召开。

2015/2016 年东亚冬季风预测的综合意见为：

(1)赤道中东太平洋的厄尔尼诺状态将于 2015/2016 年冬季达到峰值，并持续到 2016 年春季，形成一次强厄尔尼诺事件。

(2)对东亚冬季风预测较为一致，中国、韩国气象局和日本气象厅均预测 2015/2016 年受厄尔尼诺事件的影响，冬季风总体较常年偏弱。

(3)各国的预测意见(图 E.1)分别为：

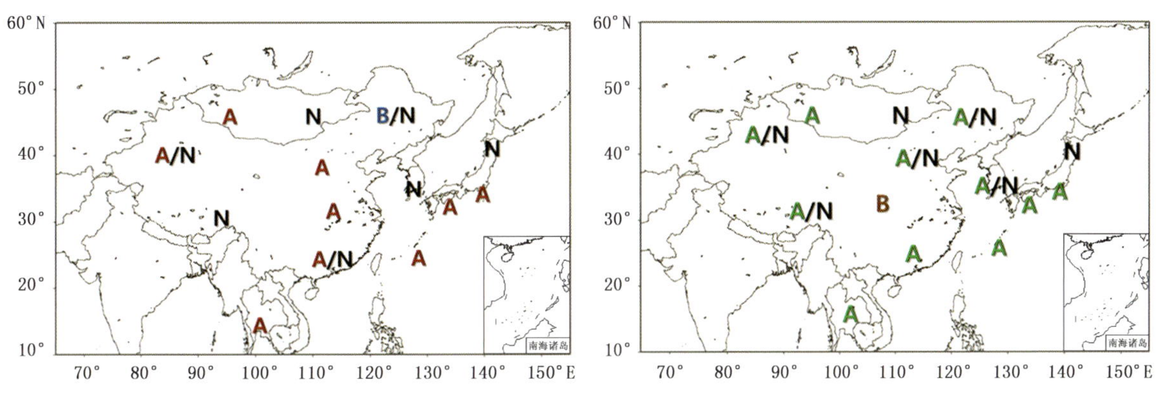

图 E.1　2015/2016 年冬季东亚地区气温(左)和降水(右)预测图

(A:偏高(多)；N:接近正常；B:偏低(少))

中国：预计东亚冬季风总体较常年偏弱，但是季内变率大。冬季环流将受到厄尔尼诺事件、热带印度洋海温及海冰变率的综合影响。除东北北部、新疆西部气温较常年同期偏低外，全国其余地区气温接近常年同期到偏高；新疆北部、内蒙古中东部、东北、西南地区南部、江南和华南大部降水较常年同期偏多，全国其余地区降水接近常年同期或偏少。

韩国：冬季风接近常年，季内变率大。气温接近常年同期；降水接近常年同期到偏多。

日本：东部和西部气温较常年同期偏高，北部气温接近常年；东部和西部降水较常年同期偏多，北部降水接近常年。

蒙古：气温接近常年同期到偏高；降水接近常年同期到偏多。

附录 F 2016 年亚洲区域气候监测、预测和评估论坛

亚洲区域气候监测、预测和评估论坛(FOCRAII)自 2005 年开始基本每年 4 月在北京组织召开。论坛由中国气象局和世界气象组织(WMO)共同主办,国家外国专家局和国家发展和改革委员会协办,国家气候中心(BCC)承办。每年都有来自几十个国家和地区的近百位代表参加会议。

论坛充分体现了 WMO 区域气候中心的四项必备功能(长期预报业务、气候监测业务、资料服务、产品培训)。每年与会专家对当年的亚洲区域气候异常及其影响夏季东亚气候的主要天气气候系统进行深入分析和探讨,并对夏季亚洲区域气候趋势进行预测会商,形成当年夏季亚洲区域降水、温度分布趋势的综合预测意见,上报 WMO 有关机构。

在中国气象局领导和 WMO 的大力支持下,BCC 已经连续十二届成功举办了亚洲区域气候论坛,该论坛目前在国际上已经享有较高的声誉,对促进亚洲地区气候业务、服务和科研起到了积极作用。论坛不仅对提高亚洲地区季节气候预测水平,加强地区间的科研和业务合作做出了重要贡献,而且使得 BCC 在世界气候领域的地位有了进一步提升。为向二区协各国提供更加优质的气候服务,搭建了一个相互学习、共同交流季节预测技术的平台。

第十二届 FOCRAII 于 2016 年 4 月 7—9 日在广州召开。本次论坛亦是中国科协召开的"热带气象与海洋科学技术国际研讨会"的三个分会之一——"季风变异与气候预测"分会。

2016 年夏季会商综合意见,基于动力模式、解释应用等客观方法以及诊断分析得出以下预测结论:

(1)预计印度夏季风和东亚夏季风较常年同期偏弱。

(2)降水较常年同期偏多的地区主要位于中国的东北、新疆北部、长江流域,日本中部,泰国和印度尼西亚。降水接近常年同期的地区主要有中国西北大部、西南地区,蒙古大部,韩国,日本南部,马来西亚和菲律宾南部。降水较常年同期偏少的地区主要在中国华北、东南沿海,越南和菲律宾北部等地(图 F. 1)。

(3)亚洲大部地区气温接近常年或偏高(图 F. 2)。

(4)在中国南海和西北太平洋地区生成的热带气旋(中心风力≥8 级)个数将较常年同期偏少。热带气旋的活动在夏季前期不活跃,后期将转为活跃。

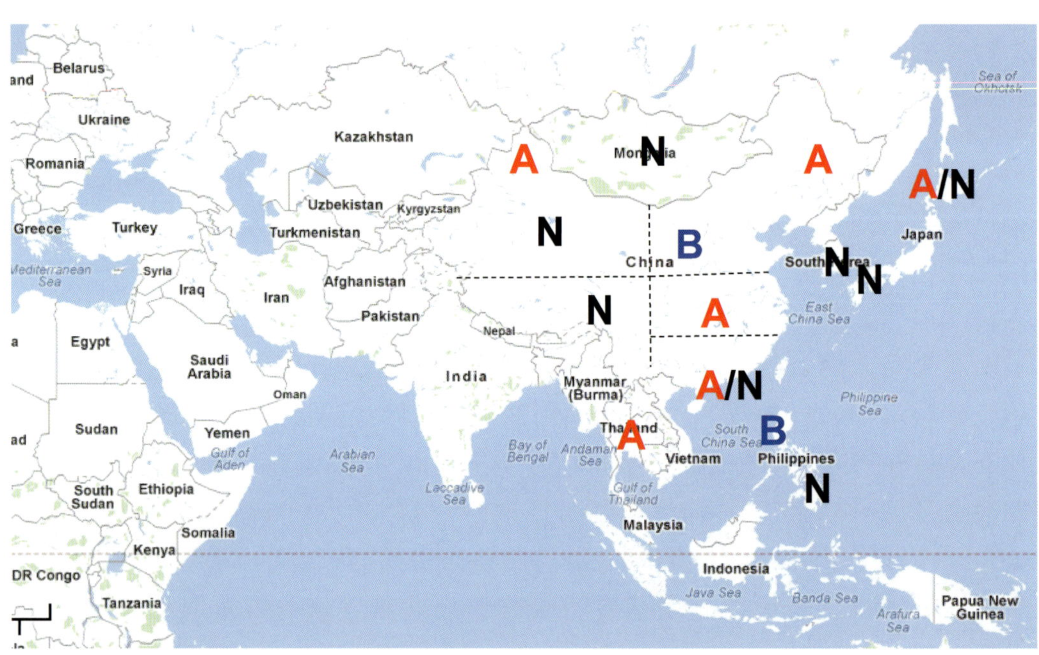

图 F.1　2016 年夏季降水预测图

（A：偏多；N：接近正常；B：偏少）

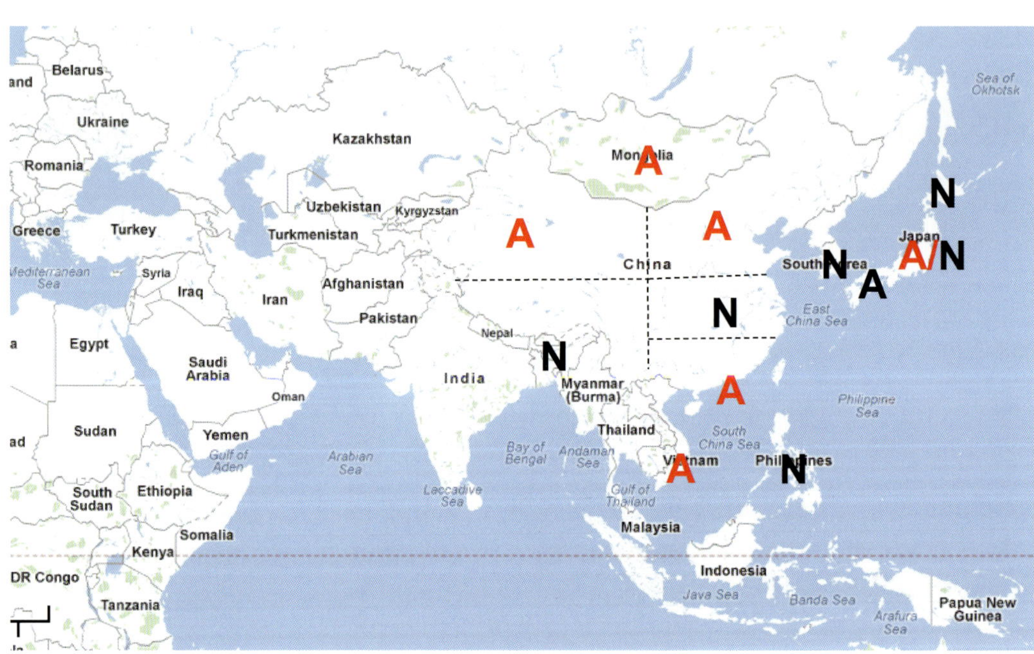

图 F.2　2016 年夏季气温预测图

（A：偏高；N：接近正常；B：偏低）

附录 G 东亚冬季风指数

表 G.1 东亚冬季风指数历年信息表

年份	东亚冬季风强度指数	西伯利亚高压强度指数
1951/1952	0.96	0.86
1952/1953	0.64	2.54
1953/1954	−0.31	0.23
1954/1955	2.46	3.70
1955/1956	1.13	1.00
1956/1957	2.03	4.04
1957/1958	0.12	0.32
1958/1959	−0.55	0.40
1959/1960	−0.85	1.13
1960/1961	0.76	1.45
1961/1962	0.20	1.28
1962/1963	−0.40	0.73
1963/1964	0.84	2.74
1964/1965	−0.64	1.23
1965/1966	−0.74	0.49
1966/1967	1.48	1.67
1967/1968	2.91	0.29
1968/1969	1.44	−0.34
1969/1970	1.18	−0.77
1970/1971	0.35	−1.61
1971/1972	0.09	−1.87
1972/1973	0.23	−2.54
1973/1974	0.71	−0.78
1974/1975	1.71	−0.67
1975/1976	0.09	−1.19
1976/1977	1.39	1.66
1977/1978	−0.57	−0.19
1978/1979	−2.50	−2.46

续表

年份	东亚冬季风强度指数	西伯利亚高压强度指数
1979/1980	0.45	0.33
1980/1981	1.12	0.84
1981/1982	−0.41	−0.05
1982/1983	0.20	−0.20
1983/1984	2.66	1.81
1984/1985	1.05	0.63
1985/1986	0.67	1.33
1986/1987	−1.74	−0.88
1987/1988	0.10	0.22
1988/1989	0.09	−0.91
1989/1990	−1.28	−0.85
1990/1991	−0.18	−0.49
1991/1992	−1.03	−1.02
1992/1993	−0.73	−0.85
1993/1994	−0.52	−0.71
1994/1995	0.47	0.51
1995/1996	−0.13	1.33
1996/1997	−1.52	−1.75
1997/1998	−0.71	−0.84
1998/1999	−0.09	−0.34
1999/2000	0.62	1.14
2000/2001	0.16	−0.97
2001/2002	−0.83	0.04
2002/2003	−1.11	−0.29
2003/2004	−0.21	−0.59
2004/2005	1.83	1.46
2005/2006	0.87	1.94
2006/2007	−1.30	−1.38
2007/2008	1.36	1.49
2008/2009	0.05	−0.61
2009/2010	0.69	0.02
2010/2011	1.00	0.81
2011/2012	2.96	2.52
2012/2013	0.83	0.03
2013/2014	−0.56	−0.40
2014/2015	−0.22	−0.58
2015/2016	1.30	1.50

附录 H 东亚夏季风指数

表 H.1 东亚夏季风指数历年信息表

年份	南海夏季风			东亚副热带夏季风
	爆发候	结束候	强度	强度
1951	26	54	0.29	3.26
1952	29	54	0.93	2.85
1953	29	56	0.46	4.06
1954	31	55	−0.57	4.18
1955	29	53	−1.80	3.79
1956	31	54	−0.70	3.62
1957	27	54	0.34	5.21
1958	29	54	0.25	4.81
1959	30	53	−0.44	4.70
1960	30	54	0.02	7.46
1961	28	56	2.00	7.33
1962	28	51	0.03	5.02
1963	31	53	0.50	6.87
1964	28	54	−0.29	4.54
1965	29	55	0.52	1.67
1966	25	54	−0.14	2.82
1967	29	55	1.35	0.98
1968	29	56	0.34	0.59
1969	28	56	−0.37	1.35
1970	32	54	−0.64	1.36
1971	31	52	−0.82	0.94
1972	26	53	1.18	2.01
1973	32	51	−0.69	1.82
1974	30	52	0.22	0.58
1975	29	55	−0.48	2.33
1976	28	55	0.78	0.75
1977	28	54	0.49	0.08
1978	29	58	0.77	−0.04
1979	27	55	−0.06	−1.05
1980	28	53	−0.80	−1.42

续表

年份	南海夏季风			东亚副热带夏季风
	爆发候	结束候	强度	强度
1981	30	56	0.15	0.89
1982	31	54	0.83	−0.08
1983	29	55	−1.44	−0.79
1984	28	50	0.00	0.02
1985	30	53	0.93	0.08
1986	27	53	0.84	−1.41
1987	32	52	−0.49	−0.53
1988	29	57	−1.18	0.70
1989	32	53	−0.50	−0.07
1990	28	53	1.04	−0.23
1991	32	55	0.65	−2.09
1992	28	54	−0.22	−0.63
1993	30	57	−0.47	−0.24
1994	25	54	1.09	−0.17
1995	27	54	−1.43	−0.51
1996	26	55	−1.26	−0.85
1997	28	55	0.60	−1.03
1998	28	53	−1.94	1.07
1999	30	54	0.63	−0.08
2000	27	52	0.40	−0.05
2001	26	55	1.05	−2.04
2002	27	53	1.59	−0.99
2003	29	52	−0.12	0.06
2004	28	52	0.55	−2.02
2005	30	54	0.27	−0.25
2006	28	56	0.66	0.69
2007	29	57	−0.36	−1.82
2008	25	56	−0.47	0.13
2009	30	57	1.12	0.33
2010	29	59	−2.53	0.92
2011	26	57	−1.08	−0.10
2012	28	56	−0.47	1.20
2013	27	58	−1.29	0.50
2014	32	54	−0.29	−0.20
2015	29	56	−0.87	0.06
2016	29	60	−0.35	0.33

附录Ⅰ 中国雨季历年信息表

表Ⅰ.1 华南前汛期历年信息表

年份	开始时间	结束时间	总雨量(mm)
1961	4月6日	7月4日	733.2
1962	4月17日	7月3日	747.4
1963	6月1日	7月5日	302.3
1964	4月4日	7月5日	682.5
1965	4月6日	6月30日	758.8
1966	4月4日	7月28日	971.8
1967	4月1日	7月15日	651.4
1968	3月25日	7月11日	959.6
1969	4月14日	6月28日	542.4
1970	4月12日	7月18日	762.2
1971	4月27日	6月30日	573.0
1972	4月22日	6月29日	618.4
1973	4月2日	7月27日	1163.8
1974	4月8日	7月25日	890.5
1975	3月7日	7月1日	909.6
1976	4月13日	6月20日	543.3
1977	5月9日	6月28日	514.4
1978	4月10日	6月29日	712.4
1979	4月2日	6月22日	614.8
1980	4月9日	6月30日	646.9
1981	3月27日	7月9日	839.0
1982	4月2日	7月8日	744.1
1983	3月1日	7月8日	929.1
1984	4月3日	6月28日	729.9
1985	3月28日	7月10日	636.9

续表

年份	开始时间	结束时间	总雨量(mm)
1986	4 月 17 日	7 月 14 日	793.6
1987	3 月 16 日	7 月 2 日	802.3
1988	4 月 12 日	7 月 1 日	513.5
1989	4 月 4 日	7 月 3 日	675.5
1990	3 月 27 日	7 月 4 日	732.8
1991	5 月 1 日	6 月 28 日	428.8
1992	3 月 26 日	7 月 15 日	967.3
1993	4 月 18 日	7 月 22 日	911.6
1994	4 月 24 日	6 月 28 日	641.4
1995	4 月 19 日	7 月 6 日	563.6
1996	3 月 28 日	7 月 1 日	683.1
1997	3 月 29 日	7 月 27 日	1067.3
1998	4 月 12 日	7 月 26 日	961.6
1999	4 月 19 日	6 月 25 日	516.2
2000	4 月 3 日	6 月 26 日	671.5
2001	4 月 4 日	6 月 15 日	654.9
2002	3 月 24 日	7 月 11 日	718.1
2003	4 月 13 日	6 月 29 日	568.7
2004	4 月 7 日	7 月 31 日	751.2
2005	4 月 25 日	7 月 2 日	773.0
2006	4 月 10 日	6 月 20 日	703.1
2007	4 月 17 日	7 月 6 日	653.1
2008	4 月 19 日	7 月 1 日	758.8
2009	3 月 6 日	7 月 7 日	771.9
2010	4 月 8 日	7 月 5 日	793.8
2011	5 月 3 日	7 月 1 日	470.6
2012	4 月 8 日	7 月 1 日	752.8
2013	3 月 28 日	7 月 4 日	778.6
2014	3 月 30 日	7 月 9 日	846.8
2015	5 月 5 日	6 月 25 日	517.8
2016	3 月 21 日	6 月 19 日	763.3

表 I.2 西南雨季历年信息表

年份	开始时间	结束时间	总雨量(mm)
1961	5 月 25 日	10 月 26 日	903.3
1962	5 月 25 日	10 月 10 日	767.5
1963	6 月 8 日	10 月 30 日	763.7
1964	5 月 4 日	10 月 12 日	871.9
1965	5 月 27 日	11 月 5 日	869.5
1966	5 月 24 日	10 月 21 日	937.7
1967	5 月 31 日	10 月 22 日	743.9
1968	5 月 27 日	10 月 16 日	830.5
1969	6 月 5 日	10 月 15 日	714.7
1970	5 月 16 日	10 月 14 日	772.4
1971	5 月 27 日	10 月 12 日	801.4
1972	5 月 20 日	10 月 10 日	638.1
1973	5 月 14 日	10 月 5 日	816.3
1974	5 月 22 日	10 月 8 日	847.9
1975	5 月 27 日	10 月 14 日	724.2
1976	5 月 25 日	10 月 22 日	761.6
1977	6 月 18 日	10 月 19 日	646.9
1978	5 月 13 日	10 月 15 日	805.0
1979	6 月 10 日	10 月 14 日	756.4
1980	5 月 22 日	10 月 27 日	791.8
1981	5 月 19 日	10 月 4 日	800.5
1982	6 月 6 日	10 月 17 日	675.7
1983	6 月 3 日	10 月 21 日	752.0
1984	5 月 19 日	10 月 2 日	778.5
1985	5 月 20 日	10 月 3 日	825.3
1986	6 月 10 日	10 月 17 日	734.2
1987	6 月 6 日	10 月 12 日	720.5
1988	5 月 30 日	10 月 11 日	729.2

续表

年份	开始时间	结束时间	总雨量(mm)
1989	5 月 30 日	10 月 22 日	699.1
1990	5 月 15 日	10 月 15 日	844.1
1991	6 月 4 日	10 月 19 日	769.5
1992	5 月 23 日	10 月 27 日	691.4
1993	5 月 30 日	10 月 21 日	748.9
1994	6 月 2 日	10 月 14 日	694.3
1995	5 月 31 日	10 月 14 日	795.1
1996	5 月 27 日	10 月 12 日	691.9
1997	6 月 8 日	10 月 13 日	689.1
1998	5 月 24 日	10 月 5 日	793.8
1999	5 月 20 日	10 月 15 日	830.6
2000	5 月 27 日	10 月 15 日	733.7
2001	5 月 13 日	10 月 23 日	881.0
2002	5 月 11 日	10 月 10 日	745.7
2003	5 月 20 日	10 月 4 日	690.9
2004	5 月 17 日	10 月 11 日	723.7
2005	6 月 2 日	10 月 12 日	699.0
2006	5 月 13 日	10 月 17 日	679.0
2007	5 月 16 日	10 月 10 日	765.4
2008	5 月 13 日	10 月 12 日	782.1
2009	6 月 1 日	10 月 9 日	625.5
2010	5 月 30 日	10 月 22 日	756.4
2011	5 月 30 日	10 月 8 日	562.1
2012	5 月 29 日	10 月 11 日	741.4
2013	5 月 15 日	10 月 21 日	778.4
2014	6 月 5 日	10 月 10 日	716.5
2015	6 月 9 日	10 月 15 日	671.0
2016	5 月 21 日	10 月 10 日	731.3

表Ⅰ.3 江南梅雨(Ⅰ型)历年信息表

年份	入梅日	出梅日	梅雨季雨量(mm)	梅雨季长度(d)	梅雨强度
1951	6月23日	6月29日	124.8	6	−1.1
1952	6月13日	7月26日	356.5	43	0.0
1953	5月30日	7月7日	346.8	38	−0.5
1954	6月5日	8月1日	847.5	57	2.2
1955	6月14日	6月24日	345.4	10	0.1
1956	6月10日	6月20日	118.9	10	−1.4
1957	6月16日	7月1日	140.3	15	−1.2
1958	6月21日	6月27日	51.1	6	−1.8
1959	6月1日	7月8日	324.9	37	0.1
1960	6月7日	6月25日	193.8	18	−0.9
1961	5月30日	6月16日	232.4	17	−0.7
1962	6月11日	7月4日	380.2	23	0.0
1963	6月13日	6月29日	151.9	16	−1.1
1964	6月17日	6月29日	115.5	12	−1.4
1965	6月9日	6月20日	105.5	11	−1.4
1966	6月12日	7月14日	424.1	32	0.3
1967	6月15日	7月11日	325.4	26	−0.3
1968	6月21日	7月13日	310.6	22	−0.3
1969	6月5日	7月14日	482.5	39	0.5
1970	6月5日	7月21日	493.5	46	0.8
1971	5月26日	6月24日	404.6	29	0.1
1972	5月29日	7月3日	218.9	35	−0.5
1973	5月28日	7月13日	598.9	46	1.0
1974	6月10日	7月21日	418.1	41	0.4
1975	6月17日	7月17日	270.9	30	−0.3
1976	6月1日	7月15日	502.4	44	0.9
1977	6月8日	7月2日	337.1	24	−0.2
1978	6月9日	6月24日	140.3	15	−1.2
1979	6月19日	7月24日	252.6	35	−0.7
1980	6月6日	7月20日	298.6	44	−0.1
[1981]	[7月10日]	[7月14日]	[36.3]	[4]	[−1.9]
1982	6月11日	6月23日	224.1	12	−0.7
1983	6月9日	7月19日	537.1	40	1.0
1984	6月7日	7月6日	275.9	29	−0.3

续表

年份	入梅日	出梅日	梅雨季雨量(mm)	梅雨季长度(d)	梅雨强度
1985	6 月 4 日	7 月 6 日	234.7	32	−0.7
1986	6 月 11 日	7 月 9 日	268.4	28	−0.4
1987	6 月 19 日	8 月 1 日	318.6	43	0.2
1988	6 月 11 日	6 月 23 日	277.5	12	−0.4
1989	6 月 4 日	7 月 5 日	444.8	31	0.4
1990	5 月 29 日	7 月 4 日	348.5	36	0.1
1991	6 月 5 日	6 月 22 日	137.5	17	−1.2
1992	6 月 13 日	7 月 14 日	442.0	31	0.4
1993	6 月 12 日	7 月 10 日	555.4	28	0.8
1994	6 月 8 日	6 月 24 日	461.6	16	0.5
1995	5 月 25 日	7 月 7 日	725.7	43	1.7
1996	5 月 30 日	7 月 20 日	392.7	51	0.7
1997	6 月 20 日	7 月 15 日	400.5	25	0.1
1998	6 月 8 日	8 月 2 日	783.8	55	1.7
1999	6 月 7 日	7 月 31 日	579.9	54	1.5
2000	5 月 29 日	6 月 25 日	413.8	27	0.2
2001	6 月 2 日	6 月 28 日	302.4	26	−0.3
2002	6 月 10 日	7 月 9 日	309.1	29	−0.2
2003	6 月 24 日	6 月 30 日	211.7	6	−0.3
2004	6 月 15 日	6 月 28 日	107.0	13	−1.4
[2005]	[7 月 11 日]	[7 月 15 日]	[41.7]	[4]	[−1.8]
2006	5 月 31 日	7 月 18 日	384.0	48	−0.3
2007	6 月 10 日	7 月 18 日	220.6	38	−0.6
2008	6 月 7 日	7 月 14 日	377.9	37	0.1
2009	6 月 21 日	7 月 3 日	111.8	12	−1.4
2010	6 月 17 日	7 月 11 日	383.7	24	0.0
2011	6 月 3 日	6 月 22 日	464.0	19	0.4
2012	6 月 4 日	7 月 1 日	302.9	27	−0.8
2013	6 月 6 日	7 月 1 日	282.5	25	−0.4
2014	6 月 16 日	7 月 17 日	440.4	31	0.4
2015	5 月 27 日	7 月 26 日	676.5	60	2.0
2016	5 月 25 日	7 月 19 日	526.0	55	1.2

注:[ ]表示空梅

表Ⅰ.4 长江中下游梅雨(Ⅱ型)历年信息表

年份	入梅日	出梅日	梅雨季雨量(mm)	梅雨季长度(d)	梅雨强度
1951	6月22日	7月22日	350.9	30	0.4
1952	7月3日	7月15日	114.4	12	−1.2
1953	5月26日	7月24日	398.3	59	1.3
1954	5月31日	8月2日	811.5	63	3.2
1955	6月6日	6月30日	290.2	24	0.0
1956	6月3日	7月21日	346.7	48	0.7
1957	6月14日	7月10日	279.2	26	−0.1
1958	7月7日	8月7日	171.8	31	−0.5
1959	6月26日	7月6日	102.5	10	−1.3
1960	6月7日	7月14日	292.8	37	0.2
1961	6月7日	6月15日	139.1	8	−0.8
1962	5月25日	7月10日	331.4	46	0.6
1963	6月22日	7月13日	144.3	21	−0.9
1964	6月17日	7月2日	265.7	15	−0.1
1965	7月4日	7月10日	46.9	6	−1.7
1966	6月12日	7月13日	227.9	31	−0.2
1967	6月15日	7月6日	211.8	21	−0.5
1968	6月21日	7月21日	202.8	30	−0.4
1969	6月23日	7月21日	542.5	28	1.4
1970	6月18日	7月22日	343.1	34	0.4
1971	5月30日	6月27日	242.3	28	−0.2
1972	6月20日	7月2日	113.5	12	−1.2
1973	6月15日	7月20日	299.3	35	0.2
1974	6月10日	7月21日	350.4	41	0.6
1975	6月16日	7月17日	269.7	31	0.0
1976	6月16日	7月16日	191.1	30	−0.5
1977	6月9日	7月30日	379.6	51	1.0
1978	6月9日	6月25日	103.4	16	−1.2
1979	6月19日	7月26日	332.2	37	0.4
1980	6月6日	8月7日	570.7	62	2.1
1981	6月22日	7月3日	166.5	11	−0.7
1982	7月9日	7月26日	177.6	17	−0.7
1983	6月9日	7月19日	523.7	40	1.4
1984	6月6日	7月23日	361.0	47	0.8

续表

年份	入梅日	出梅日	梅雨季雨量(mm)	梅雨季长度(d)	梅雨强度
1985	6月22日	7月8日	123.6	16	−1.1
1986	6月10日	7月8日	336.5	28	0.3
1987	7月1日	7月9日	146.1	8	−0.8
1988	6月10日	6月23日	147.3	13	−0.9
1989	6月3日	7月14日	294.9	41	0.3
1990	6月6日	7月3日	259.6	27	−0.2
1991	6月2日	7月16日	55.6	44	−0.7
1992	6月13日	7月6日	203.0	23	−0.5
1993	6月12日	8月8日	460.8	57	1.5
1994	6月5日	6月18日	149.9	13	−0.9
1995	5月28日	7月8日	447.9	41	1.1
1996	5月31日	7月22日	695.7	52	2.4
1997	6月18日	7月24日	263.9	36	0.0
1998	6月11日	8月4日	572.4	54	1.9
1999	6月16日	7月19日	527.2	33	1.3
2000	5月29日	6月11日	113.1	13	−1.2
2001	6月9日	6月27日	176.3	18	−0.7
2002	6月19日	7月8日	191.9	19	−0.6
2003	6月21日	7月12日	289.4	21	0.0
2004	6月14日	7月21日	329.7	37	0.4
2005	7月9日	7月23日	102.9	14	−1.3
2006	6月22日	7月29日	232.2	37	−0.1
2007	6月19日	7月27日	280.7	38	0.2
2008	6月7日	7月14日	306.9	37	0.3
2009	6月17日	7月8日	179.3	21	−0.7
2010	7月4日	7月26日	314.5	22	0.1
2011	6月3日	7月20日	468.8	47	1.3
2012	6月22日	7月21日	252.6	29	−0.2
2013	6月20日	7月1日	122.7	11	−1.1
2014	6月20日	7月20日	305.7	30	0.1
2015	5月26日	7月27日	546.8	62	2.0
2016	6月19日	7月21日	584.3	32	1.6

表 I.5 江淮梅雨(Ⅲ型)历年信息表

年份	入梅日	出梅日	梅雨季雨量(mm)	梅雨季长度(d)	梅雨强度
1951	6月21日	7月23日	259.3	32	0.1
1952	7月14日	7月24日	77.4	10	−1.4
1953	6月19日	7月23日	357.1	34	0.0
1954	6月24日	7月30日	621.2	36	2.4
1955	6月22日	7月14日	159.8	22	−0.5
1956	6月4日	7月22日	509.5	48	2.3
1957	6月30日	7月15日	150.9	15	−0.8
[1958]	[7月7日]	[7月10日]	[13.3]	[3]	[−2.1]
1959	6月27日	7月6日	86.6	9	−1.3
1960	6月19日	7月12日	220.1	23	−0.5
1961	6月6日	7月11日	182.3	35	−0.6
1962	6月17日	7月12日	243.0	25	−0.2
1963	6月22日	7月14日	175.2	22	−0.4
1964	6月24日	7月2日	60.3	8	−1.6
1965	6月30日	7月24日	330.3	24	0.5
[1966]	[7月5日]	[7月8日]	[31.2]	[3]	[−1.8]
1967	6月24日	7月6日	122.5	12	−1.0
1968	6月25日	7月21日	329.9	26	0.6
1969	7月1日	7月23日	441.0	22	1.1
1970	6月28日	7月29日	295.7	31	0.6
1971	6月1日	7月12日	340.2	41	0.7
1972	6月11日	7月12日	388.7	31	1.1
1973	6月16日	7月20日	203.9	34	0.2
1974	6月9日	8月1日	437.6	53	1.3
1975	6月20日	7月16日	305.8	26	0.5
1976	6月21日	7月1日	101.4	10	−1.2
1977	6月28日	7月22日	186.0	24	−0.3
1978	7月10日	7月21日	61.9	11	−1.5
1979	6月19日	7月26日	387.9	37	0.7
1980	6月17日	7月22日	466.0	35	1.6
1981	6月22日	7月2日	137.9	10	−0.9
1982	7月9日	7月26日	277.0	17	0.1
1983	6月23日	7月25日	381.2	32	0.6
1984	6月4日	7月10日	189.5	36	−0.2

续表

年份	入梅日	出梅日	梅雨季雨量(mm)	梅雨季长度(d)	梅雨强度
1985	6月22日	6月28日	67.8	6	−1.5
1986	6月11日	7月25日	423.5	44	0.7
1987	7月2日	7月22日	277.9	20	0.1
[1988]	[7月12日]	[7月16日]	[34.7]	[4]	[−1.8]
1989	6月4日	7月16日	314.8	42	0.1
1990	6月14日	7月21日	253.0	37	−0.1
1991	6月8日	7月16日	766.4	38	2.6
1992	7月9日	7月23日	109.1	14	−1.1
1993	6月21日	7月25日	259.6	34	−0.3
1994	7月13日	7月18日	49.5	5	−1.7
1995	6月17日	6月25日	99.8	8	−1.2
1996	6月3日	7月22日	519.4	49	2.4
1997	6月30日	7月23日	200.5	23	−0.5
1998	6月25日	8月4日	370.5	40	0.9
1999	6月23日	7月2日	120.0	9	−1.1
2000	6月20日	6月30日	127.8	10	−1.0
2001	6月9日	6月20日	58.8	11	−1.5
2002	6月19日	6月29日	112.3	10	−1.1
2003	6月21日	7月23日	589.2	32	2.1
2004	6月14日	7月15日	221.9	31	−0.9
2005	7月4日	7月12日	162.1	8	−0.7
2006	6月21日	7月29日	416.6	38	1.5
2007	6月19日	7月27日	447.7	38	1.6
2008	6月14日	7月14日	210.3	30	−0.6
[2009]	[7月10日]	[7月15日]	[13.9]	[5]	[−2.1]
2010	7月2日	7月25日	237.9	23	0.0
2011	6月17日	7月21日	376.9	34	1.1
2012	6月27日	7月15日	260.1	18	0.0
[2013]	[6月23日]	[6月27日]	[81.5]	[4]	[−1.2]
[2014]	[7月1日]	[7月6日]	[83.3]	[5]	[−1.3]
2015	6月24日	7月20日	347.0	26	0.7
2016	6月20日	7月16日	420.6	26	0.9

注:[ ]表示空梅

表 I.6 华北雨季历年信息表

年份	开始时间	结束时间	总雨量(mm)
1961	7月18日	8月24日	167.8
1962	7月8日	8月18日	186.9
1963	7月6日	8月21日	240.8
1964	7月6日	8月27日	275.5
1965	7月31日	8月15日	41.2
1966	7月15日	8月13日	146.9
1967	7月17日	8月25日	201.8
1968	7月23日	8月23日	87.4
1969	7月20日	8月31日	203.9
1970	7月21日	8月25日	135.1
1971	7月18日	8月14日	74.3
1972	7月19日	8月18日	116.1
1973	7月6日	9月3日	263.9
1974	7月16日	8月22日	179.0
1975	7月21日	8月25日	147.7
1976	7月18日	8月17日	165.0
1977	7月6日	7月25日	88.6
1978	7月19日	8月20日	166.5
1979	7月21日	8月16日	154.4
1980	8月10日	8月31日	76.1
1981	7月6日	7月30日	90.4
1982	7月25日	8月26日	188.5
1983	7月30日	8月19日	79.8
1984	7月11日	8月24日	153.3
1985	7月11日	8月16日	140.7
1986	7月20日	8月8日	57.6
1987	8月3日	8月28日	137.7
1988	7月6日	8月27日	311.9
1989	7月16日	8月6日	102.3

续表

年份	开始时间	结束时间	总雨量(mm)
1990	7月19日	8月25日	129.6
1991	7月17日	8月11日	99.2
1992	7月23日	8月18日	150.1
1993	7月9日	8月14日	172.1
1994	7月6日	8月1日	157.8
1995	7月14日	8月30日	274.2
1996	7月9日	8月24日	309.5
1997	7月19日	8月15日	95.9
1998	7月12日	8月14日	130.7
1999	7月6日	8月24日	135.7
2000	7月6日	7月30日	62.4
2001	7月24日	8月10日	74.7
2002	7月30日	8月23日	52.1
2003	7月23日	8月19日	101.0
2004	7月18日	8月25日	156.4
2005	7月23日	8月30日	152.2
2006	7月23日	8月18日	94.7
2007	7月29日	8月18日	88.1
2008	7月15日	8月25日	134.2
2009	7月17日	8月15日	90.7
2010	7月31日	9月3日	155.0
2011	7月24日	8月18日	136.2
2012	7月9日	8月15日	236.9
2013	7月9日	8月5日	180.6
2014	8月1日	8月17日	61.7
2015	7月23日	8月17日	65.1
2016	7月19日	8月8日	162.4

表 I.7 华西秋雨历年信息表

年份	开始时间	结束时间	总雨量(mm)
1961	9 月 16 日	11 月 20 日	218.7
1962	9 月 11 日	11 月 4 日	172.0
1963	8 月 30 日	11 月 19 日	262.5
1964	8 月 25 日	11 月 9 日	331.9
1965	8 月 25 日	10 月 13 日	208.8
1966	8 月 23 日	11 月 18 日	250.4
1967	9 月 2 日	11 月 12 日	237.4
1968	8 月 22 日	11 月 20 日	300.1
1969	8 月 29 日	11 月 18 日	266.8
1970	9 月 14 日	9 月 30 日	107.3
1971	9 月 6 日	11 月 14 日	176.2
1972	8 月 26 日	10 月 22 日	210.5
1973	8 月 27 日	10 月 14 日	251.1
1974	9 月 2 日	10 月 30 日	216.5
1975	8 月 31 日	11 月 23 日	325.6
1976	8 月 21 日	11 月 14 日	294.4
1977	9 月 6 日	11 月 14 日	195.6
1978	8 月 31 日	11 月 29 日	236.6
1979	8 月 21 日	10 月 1 日	209.2
1980	9 月 4 日	10 月 24 日	176.7
1981	8 月 21 日	11 月 9 日	268.8
1982	8 月 27 日	11 月 9 日	276.4
1983	8 月 21 日	11 月 13 日	331.4
1984	8 月 21 日	10 月 18 日	254.5
1985	8 月 23 日	11 月 13 日	276.5
1986	9 月 3 日	11 月 15 日	182.5
1987	9 月 13 日	10 月 23 日	127.6
1988	8 月 24 日	10 月 24 日	243.9
1989	8 月 25 日	11 月 16 日	220.6

续表

年份	开始时间	结束时间	总雨量(mm)
1990	8 月 25 日	10 月 28 日	193.9
1991	8 月 25 日	10 月 24 日	146.6
1992	9 月 11 日	10 月 26 日	138.9
1993	9 月 16 日	10 月 30 日	111.3
1994	9 月 20 日	10 月 20 日	125.6
1995	9 月 8 日	10 月 25 日	149.4
1996	8 月 23 日	11 月 18 日	252.2
1997	9 月 13 日	10 月 20 日	129.1
1998	9 月 19 日	10 月 18 日	78.6
1999	8 月 25 日	11 月 18 日	253.7
2000	9 月 4 日	10 月 30 日	204.8
2001	8 月 26 日	11 月 6 日	227.9
2002	9 月 10 日	11 月 2 日	132.7
2003	8 月 24 日	10 月 14 日	244.1
2004	8 月 24 日	11 月 15 日	227.0
2005	9 月 15 日	10 月 29 日	150.4
2006	8 月 21 日	10 月 26 日	216.9
2007	8 月 22 日	11 月 2 日	240.6
2008	8 月 25 日	11 月 7 日	295.6
2009	9 月 7 日	10 月 28 日	128.1
2010	8 月 21 日	10 月 30 日	253.8
2011	9 月 3 日	11 月 9 日	279.6
2012	9 月 7 日	11 月 10 日	175.9
2013	8 月 29 日	11 月 10 日	209.5
2014	9 月 7 日	11 月 30 日	276.6
2015	8 月 24 日	10 月 7 日	193.4
2016	9 月 5 日	10 月 31 日	156.0